MÉMOIRE (*)

SUR LES PIERRES COMPOSÉES ET SUR LES ROCHES;

Par le Commandeur DÉODAT DE DOLOMIEU.

Quelque nombreuses & quelque diversifiées que soient les pierres qui enrichissent la collection du lithologiste, il n'existe communément dans leur composition que quatre espèces de terres auxquelles vient se joindre le fer ou la terre qui le produit (1). Ces terres que l'on nomme élémentaires, parce qu'elles ne peuvent subir aucune autre simplification, qu'elles ne sont susceptibles d'aucune décomposition ni transmutation des unes dans les autres, sont la terre calcaire ou la chaux, la terre muriatique ou la magnésie, la terre argileuse ou alumineuse, la terre silicée ou quartzeuse (2). Quelqu'importante que soit l'autorité de plusieurs hommes illustres qui ont assigné différens âges à ces terres, & qui ont cru qu'elles pouvoient se réduire à une seule dont les autres ne seroient qu'une modification, nous ne pouvons douter que ces terres n'aient existé ensemble à la plus ancienne époque dont la surface du globe nous fournisse l'idée. Tous les phénomènes qui ont fait croire à leur transmutation ne sont qu'illusoires (3), & la terre silicée n'a sur les autres que le seul avantage d'être entrée en plus grande abondance dans les premières combinaisons.

(*) Extrait du Journal de Physique du mois de Novembre 1791.

(1) Dans le cours de ce Mémoire je ne considérerai jamais le fer sous le rapport de ses propriétés métalliques, mais comme une simple terre, susceptible des mêmes genres de combinaisons que les autres terres élémentaires.

(2) Je sais bien qu'il existe d'autres terres auxquelles on donne encore la qualification d'élémentaires, telle que la terre pesante, celle du jargon, &c. Mais elles jouent un si petit rôle dans la nature, elles entrent si rarement dans la composition des pierres dont je vais parler, que je n'ai pas besoin de les prendre en considération ; je pourrois même dire qu'elles ne concourent jamais à la formation des pierres d'une époque très-ancienne. M. Kirwan s'est sûrement trompé quand il a cru reconnoître la terre pesante dans le feld-spath des granits. Aucune autre analyse ne l'y a découverte : d'ailleurs, je ne doute pas que ces terres nouvelles ne soient métalliques ; la manganèse & le volfram dont les chaux ont une pesanteur spécifique à-peu-près semblable à celle des terres pesantes & du jargon seroient aussi placés parmi les terres élémentaires si leur réduction moins facile eût laissé ignorer pendant plus long-tems qu'ils appartiennent aux substances métalliques.

(3) Ceux qui ont cru que la terre silicée se change en argile, parce qu'ils ont vu

A

Des quatre terres primitives, la filicée eft la feule que la nature paroît nous préfenter dans un état de pureté & de fimplicité abfolues, & qui fans le concours d'aucune autre fubftance puiffe former une aggrégation folide ; car le criftal de roche blanc tranfparent eft jufqu'à préfent la feule pierre qui fe foit refufée à toute divifion analytique ; encore eft-il rare de le trouver dans cet état de pureté parfaite. Je foupçonne cependant qu'il n'eft pas exempt de toute combinaifon, puifqu'il décrépite fortement lorfqu'il eft expofé au feu très-actif de l'air vital. Il y fond auffi en globules remplis de bulles, ce qui annonce le dégagement d'un fluide élaftique qui y étoit combiné. Dans le fpath calcaire tranfparent rhomboïdal, il n'y a également que la feule terre de chaux, mais elle eft combinée avec une quantité d'air & d'eau à-peu-près égale à fon poids, & elle ne peut s'en féparer fans perdre fa confiftance pierreufe. Les terres argileufes & muriatiques n'ont jamais été trouvées pures.

Le mêlange de quatre ou cinq terres prifes deux à deux ou réunies en plus grand nombre, ne fourniroient pas beaucoup de combinaifons poffibles, ne donneroient pas une grande multitude de variétés, quand même on calculeroit ce qu'en pourroient produire les différentes proportions dans lefquelles chacune d'elles peut entrer dans une aggrégation. Mais la nature fupplée à cette fimplicité de moyens, & augmente de différentes manières les reffources d'un auffi petit nombre de matériaux. 1°. Les terres élémentaires peuvent s'allier avec plufieurs fubftances qui n'appartiennent pas exclufivement au règne minéral, telles que l'eau, differens fluides élaftiques aériformes, quelques fubftances inflammables (1), &c. & lorfqu'elles fe réuniffent pour former des combinaifons, elles peuvent retenir, ou elles doivent abandonner ces fubftances qui modifient fingulièrement leur manière d'être. 2°. Ces terres font fufceptibles de contracter entr'elles des alliances de plus d'un genre. Elles peuvent être fimplement mêlangées en particules plus ou moins comminues, & réunies par le feul effet du contact ; une d'elles peut fervir de pâte dans laquelle les autres feront enveloppées : ou bien elles s'incorporeront les unes dans les autres, & fe pénétreront mutuellement, de manière à perdre leurs propriétés particulières & à changer leur pefanteur fpécifique. 3°. Deux ou trois de ces terres & même toutes enfemble peuvent être dans cet état de combinaifon intime, avec les proportions exactes qu'exige ce genre

---

des filex prendre une apparence argileufe par la décompofition fpontanée, ou par l'altération qu'y produifent les exhalaifons de l'acide fulfureux volatil, font tombés dans une erreur femblable à celle d'un homme qui s'imagineroit opérer la tranfmutation de l'argile en terre filicée, parce que l'argile, entrant dans la compofition de quelques verres tranfparens, y prend l'apparence d'un criftal de roche.

(1) Je ne fais pas mention ici des acides minéraux, parce que je ne parlerai pas des pierres à la formation defquelles ils concourent.

d'union chimique ; ou quelques-unes feront en quantité furabondante , ce qui affoiblit leur liaifon & nuit à la perfection du compofé ; ou bien encore , une d'elles fera fimplement mêlangée & en quelque forte étrangère à la combinaifon exacte des autres , au milieu defquelles elle reftera fufpendue , ou renfermée , &c. &c. Ces différentes modifications dans le mélange & dans l'aggrégation des terres élémentaires peuvent varier à l'infini , & multiplier chaque jour les richeffes de la Lithologie. Mais au milieu de cette immenfe variété de productions , je crois apper-cevoir des efpèces de loix auxquelles il femble que la nature fe foit affervie , & qui pofent des limites aux combinaifons qu'elle permet. Je vais préfenter un fil qui me paroît conduire dans ce labyrinthe obfcur.

Les terres élémentaires ont entr'elles différentes affinités fimples , compofées , électives ; & c'eft au jeu plus ou moins libre de ces affinités , c'eft au genre d'attraction qui choifit & rejette parmi les fubftances préfentes à une combinaifon , c'eft aux circonftances plus ou moins favorables à ces pénétrations mutuelles , que j'attribue la formation de la plupart des pierres & des roches. Cet énoncé ouvre un vafte champ d'obfervations neuves & délicates. J'y cherche quelque fentier qui conduife à des vérités nouvelles , & je demande qu'on ne confidère cet effai que comme les pas chancelans d'un homme qui hafarde de pénétrer dans un pays inconnu à la lueur de quelques étoiles.

M. Kirwan eft , à ce que je crois , le premier & même le feul minéralogifte qui ait jetté un coup-d'œil fur le phénomène des affinités que les différentes terres ont entr'elles , ou fur la faculté qui les appelle de préférence à contracter entr'elles une union chimique : encore cet habile chimifte n'a-t-il voulu le confidérer que fous fon rapport le moins étendu & le moins intéreffant , puifqu'il s'eft borné à quelques obfer-vations fur la propriété qu'ont plufieurs terres de fervir de fondant aux autres , & à remarquer qu'il eft des mélanges qui augmentent cette faculté ou qui la donnent à celles qui ne l'ont pas naturellement. Sûrement le feu eft un menftrue qui peut mettre les terres en état d'exercer entr'elles quelques-unes de leurs propriétés chimiques ; mais fi à plufieurs égards il agit comme l'eau , qui tenant différens fels en folution leur permet des échanges réciproques , des alliances nouvelles , il en diffère effentiellement fous d'autres rapports , puifqu'il a l'incon-vénient de diffiper les fluides élaftiques , de confommer & de détruire les fubftances inflammables , fouvent néceffaires pour faire contracter certaines unions qui fans elles ne peuvent s'opérer. D'ailleurs les effets du feu font toujours trop inftantanés ; comme véhicule , il n'eft jamais affez abondant , il ne met pas affez d'intervalle entre les molécules qu'il divife , il fe diffipe trop précipitamment , & le paffage de la fluidité qu'il donne à la folidité , qu'il laiffe lorfqu'il s'échappe , eft trop fubit , pour que les molécules prennent enfemble l'arrangement qui leur convient le mieux. Elles doivent donc toujours rester dans un état de désordre & de confusion qui naît à la pesanteur & à la dureté que le composé pourroit prendre, s'il y avoit une dégradation presque insensible dans la fluidité produite par la chaleur, comme il y en a une dans celle qui dépend de l'eau. Voilà ce qui établira toujours la grande supériorité des produits de la voie humide sur ceux de la voie sèche : voilà pourquoi des verres factices, composés des mêmes matières qui constituent les gemmes, n'en auront jamais ni la dureté ni la pesanteur spécifique. C'est pour la même raison que plusieurs pierres transparentes, refroidies promptement après avoir été fortement chauffées, sans cependant que la dilatation arrive jusqu'à leur donner de la mollesse ou de la fluidité, deviennent opaques; les molécules, qui ont été un peu séparées, ne peuvent pas reprendre exactement leurs places, & la lumière ne peut plus traverser la masse comme auparavant.

La voie sèche est donc insuffisante pour connoître les affinités que les différentes terres ont entr'elles; les expériences faites par le feu sont incomplettes; leurs résultats sont équivoques, incertains & trop dépendans de l'intensité de la chaleur dont nous ne pouvons jamais avoir la mesure exacte. Plus même nous augmentons l'action de cet agent, plus nous nous éloignons des travaux de la nature par l'action de l'eau, puisque nous expulsons des fluides élastiques qui sont des parties essentielles des composées (1). Cependant ce genre de procédés est plus à notre portée que ceux de la voie humide; nous avons encore moins de moyens par ceux-ci d'imiter la nature; il nous

(1) Le feu, capable de ramollir le rubis & les autres gemmes, les dénature par cela même qu'il en fait sortir des globules d'air qui se montrent dans l'intérieur du nouveau verre, & qui étoient essentielles au composé pour le constituer ce qu'il étoit, & pour ui assurer ses propriétés. Ce n'est donc pas par l'insuffisance de l'activité du feu de nos fourneaux que nous ne pouvons pas produire des verres qui ressemblent aux pierres précieuses, comme quelques personnes l'ont prétendu, mais parce qu'il n'y a que les mêmes moyens qui donnent exactement les mêmes résultats; là nature n'a point employé le feu à la production des gemmes, elles ont admis dans leur composition des substances que le feu auroit fait fuir, & ce sont ces substances qui leur donnent & leur dureté & leur pesanteur. Une espèce de préjugé fait regarder l'air & l'eau comme inséparables de leurs principales propriétés, la legèreté & la fluidité; & on est toujours tenté de croire qu'ils doivent transmettre ces qualités à tous les composés dans lesquels ils interviennent en grande quantité. On voit, par exemple, l'eau communiquer sa fluidité à une masse d'argile, à un tas de sable, & l'idée de la mobilité & du peu de cohésion de ses molécules suit par-tout celle de son existence. Cependant l'air, l'eau & les autres fluides, bien loin de relâcher l'adhésion des corps, sont les causes de la solidité de la plupart des substances du règne minéral; presque toutes perdent une partie de leur dureté par la soustraction de ces fluides, plusieurs même ne sauroient être concrètes sans eux; la pierre calcaire cesse d'être un corps solide lorsqu'elle est privée d'air & d'eau; la zéolite, les sélénites se réduisent en poudre lorsque leur eau se dissipe. La pesanteur spécifique de la chaux pure est

manque un diſſolvant commun de toutes les terres, ſans lequel nous ne pouvons les préſenter les unes aux autres dans des circonſtances qui leur permettent d'obéir à de nouvelles tendances, de contracter de nouvelles unions au moment où elles rompent les anciennes ; nous ne pouvons en un mot placer leurs molécules dans la ſphère d'activité les unes des autres. La loi des affinités des terres ſeroit donc un phéno-mène inabordable pour nous, ſi nous n'avions pas les réſultats du travail de la nature qui peuvent éclairer nos recherches, & ſi nous ne dirigions pas nos obſervations ſur des produits qui, quoique opérés loin de nous & étrangers à nos moyens, doivent répandre des lumières ſur la queſtion que je traite. C'eſt donc dans les pierres elles-mêmes que je chercherai les cauſes de leur formation, de leurs principales pro-priétés, & les loix qui y ont préſidé.

Il n'eſt plus poſſible de douter que les matières qui conſtituent les montagnes primitives n'aient été dans un état de molleſſe & même de flui-dité qui permettoit ce jeu des affinités chimiques, ſur lequel je deſire fixer l'attention des naturaliſtes. Cette fluidité appartenoit ſûrement à une eſpèce de diſſolution qui, iſolant chaque molécule, permettoit le libre rapprochement & la combinaiſon de celles qui avoient des rapports entr'elles. Les plus célèbres naturaliſtes admettent maintenant cet état de diſſolution pour toutes les roches dont la formation remonte aux premières époques de notre globe ; la ſeule inſpection de leur ſtructure intérieure l'indique, mille faits l'atteſtent, mais rien ne nous fait con-noître le genre de diſſolvant qui les pénétroit ; il paroît ſeulement qu'il avoit pour véhicule le fluide aqueux. Je dis que l'eau étoit ſimple-ment le véhicule de ce diſſolvant, ſans l'être elle-même ; car ceux qui ont voulu attribuer à ce fluide le rôle principal dans cette action, ou même n'y faire intervenir que lui ſeul, n'ont pas réfléchi que ſa qualité diſſolvante eſt très-foible, & qu'elle ne ſauroit être conſidérablement augmentée par une chaleur qui ne pourroit ſurpaſſer celle de l'ébullition ſans la réduire en vapeurs. Mais je dis plus : à quelque degré que l'on exagère l'action de l'eau ſur les terres, ſuppoſât-on même qu'elle fût équivalente à celle qu'elle exerce ſur les ſels les plus ſolubles, elle ne pourroit pas ſuffire pour s'emparer en même-tems de toutes les matières qui ont été diſſoutes à la même époque. Nos montagnes fuſſent-elles uniquement de ſel marin, la totalité de l'élément aqueux ne ſuffiroit pas pour les rendre fluides. Quel étoit donc ce diſſolvant dont l'activité & l'abondance étoient telles qu'il a pu attaquer ſimultanément

---

2300 : celle de la chaux combinée avec l'air & l'eau eſt 1700 ; pendant que cette même chaux combinée avec l'acide vitriolique qui a une gravité double de celle de l'eau, conſerve ſa peſanteur ſpécifique ; elle eſt également de 2300 dans les ſélénites.

toutes les matières qui forment l'écorce de notre globe dans une épaisseur qui surpasse peut-être six mille toises, & qui, uni avec elles, leur faisoit acquérir une telle solubilité dans l'eau, qu'elle surpassoit beaucoup celle des sels qui jouissent de cette qualité au degré le plus éminent ? car le véhicule n'arrivoit peut-être pas à faire le quart de la masse à laquelle il communiquoit sa fluidité, puisque non-seulement les roches qui constituent les montagnes primitives, telles que les granites, les porphires, roches feuilletées & autres, mais encore toutes les pierres des montagnes secondaires, tertiaires, enfin de toutes celles qui leur succèdent relativement à l'âge & à la position, ont dû être dissoutes à la même époque. Toutes les matières qui n'auroient pas appartenu à cette dissolution, ou qui n'y auroient pas surnagé, auroient été ensevelies sous les premiers dépôts, & s'y seroient soustraites pour jamais à toute action de causes extérieures (1). Et ce dissolvant, qu'est-il devenu ? Voilà des questions auxquelles on ne peut répondre que par des conjectures ; & lorsqu'on entre dans l'empire obscur des hypothèses, chacun peut y prendre une route différente, & y pénétrer d'autant plus loin & plus sûrement, que le fil des probabilités, par lequel il se laissera conduire, sera & plus long & plus fort. Souvent plusieurs personnes parcourant cet espace immense s'y rencontreront, quoiqu'ayant tenu des chemins différens. C'est ainsi que mes idées coïncident avec quelques idées de M. de Luc, & je suis entraîné par les plus fortes raisons à admettre l'existence d'un fluide qui donnoit à l'eau la faculté de diviser toutes les molécules terrestres, lesquelles n'ont repris leur tendance mutuelle qu'au moment de sa dissipation ; car, parmi les acides que nous connoissons, il n'y en a point qui puisse jouer un tel rôle : le vitriolique, quoique le plus actif de tous, ne dissout point

---

(1) Je prendrai dans un très-petit fait une comparaison qui rendra mes idées plus claires. Une pierre calcaire plongée dans un acide vitriolique qui ne seroit pas assez délayé pour tenir en solution le gypse qui doit se former jusqu'à ce qu'elle soit complettement dissoute, seroit bientôt couverte d'une croûte de ce gypse qui la soustrairoit à toute action subséquente de l'acide. Car ceux qui ont supposé une succession alternative de dissolution & de précipitation n'ont pas assez réfléchi une idée qu'ils n'admettent qu'afin de suppléer à la foiblesse du dissolvant qu'ils font intervenir ; car si après une première précipitation, ils ne déplacent pas le dissolvant en lui rendant son activité pour l'envoyer ailleurs se charger de nouvelles matières, qu'il reviendra placer sur les premières, si à chaque retour le dissolvant ne perd pas son action pour recommencer continuellement ce jeu alternatif de dissolution & de précipitation, l'effet qu'ils supposent ne peut avoir lieu ; & il faut encore que ces matières que va prendre le dissolvant se trouvent déjà dans un ordre successif inverse de celui où il les vient placer ; ce qui renouvelle les mêmes difficultés pour le premier arrangement, & ce qui produit un cercle vicieux par lequel on ne fait que placer dessous ce qui étoit dessus.

le quartz, il rend plus infoluble encore la chaux à laquelle il s'unit ; & fon exiftence, non plus que celle d'aucun autre acide minéral, ne paroît dans aucune des combinaifons de ces premiers âges du monde où ils auroient pu être admis, & refter attachés. L'acide méphitique feul fe montre déjà abondamment ; mais, loin de lui attribuer la diffolution des différentes terres, je lui refufe même celle de la terre calcaire qu'il n'attaque que foiblement, & loin d'être l'agent de cette grande opé-ration que quelques favans lui attribuent, il me paroît qu'il a plutôt contribué à la faire ceffer, & que fa préfence a fait fuir dans l'atmof-phère une autre fubftance aériforme qu'il fera venu remplacer.

Mais eft-il bien certain que nous ne pourrions pas retrouver quelques indices de ce diffolvant univerfel qui attaquoit la terre filicée comme toutes les autres ? Ne pourroit-on, fans fe vouer à un extrême ridicule, le chercher dans une modification de la lumière ou du feu combiné, prefque femblable à celle que nos chimiftes modernes ont mis dans dans un grand difcrédit, & que Stahl & nos anciens avoient nommé phlogiftique, plus femblable encore à ce *caufticum*, à cet *acidum pingue* de Mayer d'Ofnabruck ? Seroit-il impoffible qu'une des modifications de cet élément (qui en admet beaucoup), s'uniffant à l'eau avec une grande furabondance, ou plutôt affocié à toutes les terres, les rendît folubles ? Si, à l'exemple de Mayer, je fuppofe dans la chaux vive une fubftance qui y remplace l'air fixe, & fi c'eft à elle que je puis attribuer l'effet de la rendre diffoluble dans l'eau, il me fera peut-être poffible, en la reprenant à cette combinaifon, de prouver qu'elle exerce un effet femblable fur les autres terres, même fur cette terre filicée qui réfifte à tous nos acides, & à laquelle on a vainement cherché un diffolvant. Je pourrois peut-être même démontrer que cette fubftance exifte encore dans le fein de nos montagnes, qu'elle y eft combinée avec plufieurs corps dont elle peut fe féparer dans quelques circonf-tances pour fe porter fur la terre filicée ; qu'alors elle lui donne la faculté de fe diffoudre & d'être emportée par l'eau, & qu'elle l'accom-pagne jufques dans les cavités où fe forment les criftallifations quartzeufes.

Lorfque la chaux vive fe vivifie, c'eft-à-dire, au moment qu'elle reprend l'air qui la conftitue pierre calcaire, elle y exerce une action fur les fables quartzeux qui y font mêlangés, elle y adhère fortement, parce qu'elle y produit une petite corrofion très-vifible au microfcope fur les faces polies des criftaux de quartz qui y font introduits. Les alkalis cauftiques diffolvent par la voie humide, ou plutôt rendent diffoluble une affez grande quantité de terre filicée, fur laquelle ils n'ont point d'action, lorfqu'ils font aérés. Le fer qui fe rouille fur du criftal de roche s'y attache fortement, s'y incorpore en quelque forte par une corrofion quelquefois très-confidérable. J'ai vu des criftaux de roche qui s'étoient cariés à plus d'un pouce de profondeur, au milieu des chaux de fer qui s'étoient formées fur eux. Lorſque le fer en état demi-métallique eſt partie conſtituante d'une pierre, & qu'il y paſſe à l'état de chaux par une eſpèce de décompoſition aſſez fréquente, les fentes & les cavités de cette pierre ſe rempliſſent de criſtaux de quartz, parce que l'eau qui s'infiltre peut alors ſe charger de la terre ſilicée ſur laquelle elle n'avoit auparavant aucune action (I). Voilà donc un rapport d'action entre la chaux vive & le fer : l'un & l'autre en admettant l'air ſemblent donc reſtituer une ſubſtance quelconque qui agit ſur la terre ſilicée, & qui la rend ſoluble. Les vapeurs de l'acide vitriolique ſulfureux, ou le gaz acide ſulfureux, produiſent encore un effet preſque ſemblable qui n'appartient pas à l'acide vitriolique ordinaire, car, lorſqu'elles ont attaqué & altéré des pierres qui contiennent la terre ſilicée, cette terre devient plus diſſoluble dans l'eau, elle eſt plus ſuſceptible d'entrer dans de nouvelles combinaiſons où elle criſtalliſe. Enfin les calcédoines, qui ſe forment autour des eaux jailliſſantes de Geyſler en Iſlande, étoient diſſoutes dans l'eau, non pas comme le dit Bergmann, parce que l'eau dont la chaleur ſurpaſſe le degré d'ébullition peut en diſſoudre beaucoup, ce qui ne ſe vérifie pas dans la machine de Papin ; & d'ailleurs une eau qui n'eſt pas exactement renfermée ne peut pas ſurpaſſer cette chaleur ſans ſe réduire en vapeurs, & ici c'eſt l'eau elle-même qui jaillit, ſans paſſer à l'état aériforme. Ce n'eſt donc pas le feu donnant de la chaleur à l'eau par ſon interpoſition momentanée entre ſes molécules, mais c'eſt le feu combiné d'une manière particulière ou avec l'eau, ou avec le quartz dans les fournaiſes de l'Ekla, qui rend poſſible la diſſolution de la terre ſilicée : elle ſe précipite au contact de l'air atmoſphérique de la même manière que la terre calcaire ſe précipite d'une eau où elle étoit diſſoute par le moyen de l'air hépatique, au moment où celui-ci s'échappe (2). La formation des albâtres calcaires a de grands rapports avec celle des calcédoines ; l'une & l'autre ſont le produit d'une précipitation, & il y a peut-être les mêmes relations entre les agens de leurs diſſolutions. Je ne doute pas qu'une modification du feu combiné n'opère

(1) Je ne doute pas qu'on ne parvînt à obtenir de petits criſtaux de roche par un mélange de limaille de fer & de ſable quartzeux que l'on humecteroit de tems en tems. Ma vie errante & toutes les circonſtances qui l'ont agitée m'ont empêché de faire cette expérience, que je projette depuis long-tems, & dont je crois pouvoir promettre le ſuccès à ceux qui voudront la tenter ; elle ſeroit hâtée par une eau gazeuſe qui mettroit d'autant plutôt le fer en état de chaux.

(2) Cette incruſtation calcédonieuſe qui ſe forme abondamment autour du Geyſler en Iſlande, *dont la ſurface mammelonée reſſemble quelquefois à des choux-fleurs, & dont l'intérieur eſt compoſé de petites couches parallèles ondulées* (*Voyez* Bergman), a les plus grands rapports de forme & de ſtructure intérieure avec ces incruſtations calcaires qui ſe font aux bains de Saint-Philippe en Toſcane, par la diſſipation de l'air hépatique qui facilitoit la diſſolution de la terre calcaire,

au

fur le quartz ce que le gaz hépatique produit fur la terre calcaire; je
crois que c'eft à ce genre de phlogiftique que nous devons encore les
criftallifations de la terre filicée, & il me paroît prefque évident que
cette fubftance unie à l'eau a pu opérer la diffolution de toutes
les terres dans un menftrue très-peu délayé. L'eau elle-même n'eft pas
un être fimple, elle eft compofée de différens fluides aériformes. Si
l'un de ces fluides étoit appelé à une autre combinaifon, fi l'eau de
la mer, par exemple, fe réduifoit à fes élémens, alors tous les fels,
toutes les terres & la matière graffe qui y font encore en diffolution,
fe précipiteroient dans un ordre quelconque ; & jufqu'à ce que la
réunion des élémens de l'eau fe reproduifit, il n'exifteroit plus de diffolvant
pour les fels que dans les pierres qui auroient retenu l'eau comme une
de leurs parties conftituantes. Ainfi, il a pu arriver à cette fubftance
phlogiftique, qui faifoit de l'eau le diffolvant général des terres, &
qui en fe diffipant n'a laiffé qu'un fluide inactif fur la plupart d'entr'elles.

Quel qu'ait pu être ce diffolvant, c'eft avec M. de Sauffure & M.
de Luc que j'admets la précipitation comme première caufe de la
formation & de la confolidation des plus anciens matériaux de nos
montagnes ; précipitation dont les effets me paroiffent reffembler à
ceux qui arriveroient dans l'eau bouillante qui feroit faturée de différens
fels ; à mefure que par la diffipation de la chaleur l'eau perdroit de
fa capacité pour retenir ces fels, ils fe précipiteroient en formant des couches
où chacun d'eux domineroit alternativement, felon qu'ils exigent moins de
chaleur pour être tenus en diffolution. Les quatre terres élémentaires &
le fer préexiftoient, ou plutôt exiftoient enfemble dans ce fluide qui étoit
combiné avec toutes les matières qui font fur la furface du globe ; la
précipitation s'eft faite affez lentement, puifqu'elle a pu être foumife
à certain ordre, & qu'elle a formé une fucceffion de couches où chacune
des terres domine fucceffivement, & dont l'arrangement fe trouve relatif
avec le degré de diffolubilité que ces terres préfentent encore maintenant. La terre filicée a donc été la première à laquelle le diffolvant
ait manqué, & elle a précédé les autres dans la précipitation ; elle a
été fuivie par la terre argilleufe, enfuite par la terre muriatique, com-
temporainement à toutes deux la terre ferrugineufe, & enfin la terre
calcaire. Mais de la même manière que dans la précipitation fucceffive
de plufieurs fels contenus dans la même eau, le dépôt de chacun
d'eux n'eft jamais pur (1), qu'il participe un peu des autres fels,
fur-tout de celui qui fuit dans l'ordre de précipitation ; de même les
différentes terres ont entraîné avec elles quelques particules de toutes
les autres, fur-tout de celles qui, après elles, adhéroient le moins

---

(1) Il faut quatre diffolutions & précipitations fucceffives pour purifier le nitre &
le purger du fel marin & autres fels qu'il entraine dans fa première criftallifation.

B

au fluide : ainſi je puis encore diviſer chaque période de la précipitation
terreſtre en quatre tems ou quatre eſpèces de dépôt, que m'indique
1, diſpoſition des matières dans les montagnes primitives.

Précipitation ſiliceuſe.

Premier dépôt dans lequel la terre ſilicée eſt auſſi pure qu'elle pouvoit
l'être en ſe précipitant d'un mêlange où le diſſolvant commence à
manquer ; dans le moment où elle lui échappe, elle a une grande
aptitude à la combinaiſon & s'aſſocie aux terres qui cèdent le plus
aiſément, elle en entraîne donc quelques portions avec elle : ainſi la
terre ſilicée a fait les ſept huitièmes de ce premier dépôt, dont l'autre
huitième étoit formé par un peu d'argille, moins de terre muriatique,
très-peu de fer & infiniment peu de calcaire. Telle eſt la compoſition
des feld-ſpath les plus purs dans les granites.

Second dépôt : la pureté de la terre ſilicée s'y altère davantage,
elle forme ſeulement les ſix huitièmes de la maſſe, & la terre argilleuſe,
qui lui ſuccède dans l'ordre de précipitation, y intervient pour plus
d'un huitième : le reſte appartient aux autres terres.

Troiſième dépôt : la terre ſilicée y eſt pour cinq huitièmes, la terre
argilleuſe pour deux, & les autres terres pour un.

Quatrième dépôt : la terre ſilicée en fait les quatre huitièmes, la
terre argilleuſe moins de trois, & le reſte appartient aux autres.

En parlant de ces dépôts ſucceſſifs, je ne prétends pas que chacun
d'eux forme des couches diſtinctes ainſi diviſées ; je n'ai d'autre objet
que d'indiquer par quelle gradation les terres ont pu ſe mêlanger.
Toutes ces différentes proportions de terre ſilicée ont pu former des
granites différemment compoſés, ainſi que je le dirai plus bas.

Précipitation argileuſe.

Premier dépôt : la terre ſilicée qui manque graduellement n'exiſte plus
que pour les trois huitièmes, la terre argileuſe y eſt également pour trois
huitièmes, & les deux autres ſont pour les trois terres reſtantes dont le fer
fait la majeure partie.

Second dépôt : la terre argileuſe y augmente juſqu'à faire la moitié de
la maſſe ; la terre ſilicée diminue, la terre ferrugineuſe intervient en
majeure quantité, enſuite la terre muriatique & le calcaire.

Je ne ſuivrai pas plus loin ce travail de la précipitation, & quoique lorſque
j'en eſquiſſe le tableau, je ne prétende pas à une exactitude rigoureuſe,
ſoit dans les proportions, ſoit dans l'ordre de ſucceſſion, cependant je
pourrai prouver que l'arrangement des roches dans les montagnes primitives répond en général à cet ordre ; que quelques anomalies qui s'y
trouvent doivent dépendre de circonſtances particulières ; il a pu ſe faire,
par exemple, que le calcaire ſe trouvant dans une occaſion qui favoriſoit

fon union avec l'air fixe, avant que le dépôt filiceux ne fût terminé, fe
précipitât en même tems que lui, ce qui a produit, au milieu des bancs
de granites & de roches fchifteufes, ces couches calcaires micacées qui
femblent y être placées pour détruire l'affertion de ceux qui ont voulu
attribuer tout le calcaire aux débris des corps organifés (1). D'ailleurs,
le fluide dans lequel fe faifoit ce travail n'étoit pas dans un état de ftagnation
abfolue ; ces brèches fingulières que M. de Sauffure a trouvées dans les
montagnes primitives annoncent une agitation. Peut-être déjà exiftoit-il
de fortes marées, malgré la denfité d'un fluide qui portoit avec lui autant
de matières terreftres, & qui devoit réfifter plus que nos mers actuelles
aux influences des corps planétaires. Ce mouvement pouvoit déplacer
dans quelques endroits le fluide avant qu'il eût terminé fon dépôt filicé,
& y porter celui qui en étoit déjà à fon dépôt calcaire, & y ramener enfuite
le premier, qui terminoit fur le marbre fa précipitation filicée. Je dois
encore faire remarquer que les terres argileufes, ferrugineufes & muriatiques étant beaucoup moins abondantes que les autres, la période de leur
précipitation a dû être plus courte, & elles n'ont pu former des dépôts
auffi diftincts & auffi purs que ceux de la terre filicée & de la terre calcaire.

C'eft en obtenant la conviction de l'ancienne diffolution des terres
élémentaires & de leur mélange dans le même fluide que j'ai pu croire
que toutes les terres qui avoient des affinités entr'elles ont dû les exercer,
parce que l'inftant où une molécule fort d'une combinaifon eft le moment
le plus propre pour lui faire contracter tous les genres d'union dont elle
eft fufceptible, & le travail poftérieur de l'infiltration a pu encore per-
fectionner celles de ces combinaifons, qui dans la première précipitation
n'avoient pas eu le tems ou l'efpace de s'achever complettement.

Si les roches, ainfi que je le crois, font les produits de la précipitation,
il n'eft plus douteux qu'elles ont dû être dépofées en couches horifontales ; cette conféquence a été appuyée par les belles obfervations de
M. de Sauffure. C'eft lui qui a conftaté le fait le plus important de la
Géologie, en trouvant des bancs de pierres roulées, par lefquels il a
démontré la pofition primitive & horifontale des bancs fur lefquels ils
repofoient, & qu'ils ont enfuite fuivis dans leur déplacement. Le redreffe-
ment poftérieur de ces couches peut donc être placé parmi ces vérités
fondamentales qui doivent fervir de bafe à tous les fyftêmes. Je fentois
depuis long-tems la néceffité de l'admettre ; mais il étoit réfervé à M. de

---

(1) Ceux qui prétendent encore, malgré les argumens & les faits les plus
irréfiftibles, que toute la matière des pierres calcaires eft due aux coquillages &
madrepores plus ou moins comminués, ne devroient pas refufer à la végétation de la
production de toute la terre argileufe du globe, puifqu'on trouve de l'argile dans les
cendres des végétaux, dans les terres provenantes de leur décompofition, & qu'il
exifte également des empreintes de végétaux dans quelques bancs d'argiles fchifteufes,

Sauffure de le prouver, la Géologie doit à fes travaux plus de progrès qu'elle n'en avoit fait par les obfervations de tous les naturaliftes qui l'ont précédé ; & fi nous pouvons conferver quelqu'efpoir de découvrir la caufe d'un foulèvement qui a redreffé des couches horifontales , nous ne pouvons le fonder que fur les nouvelles obfervations que le Public attend de lui avec impatience ; c'eft lui qui par l'accumulation des probabilités décidera peut-être notre opinion fur cette fingulière cataftrophe qui appartient à une époque où aucun être organifé ne fubfiftoit encore, où l'hiftoire de la nature n'étoit liée par aucun rapport avec celle des hommes ; il déterminera notre choix entre l'une des trois manières dont le foulève-ment a pu fe faire , ou par une force intérieure qui agiffant de bas en haut a foulevé la croûte du globe ; ou par le défaut de foutien ou d'appui produit par des cavernes intérieures fur lefquelles les couches auront dû céder à leur propre poids ; ou par un choc extérieur qui aura rompu notre écorce, & qui aura fait chevaucher des parties les unes fur les autres. J'avoue que je penche pour cette dernière opinion.

Je terminerai la première partie de ce Mémoire par une digreffion fur les pierres calcaires coquillières, qui n'eft pas entièrement étrangère au fujet que j'y traite.

Toutes les terres font fpécifiquement plus pefantes que l'eau , & quelle que foit la fineffe de leurs molécules , elles doivent traverfer la maffe du fluide & en gagner le fond, à moins que l'agitation n'empêche cet effet de la gravitation, ou que ces terres ne contractent avec l'eau le genre de combinaifon chimique que l'on nomme diffolution. Tous les dépôts de l'eau, qui ont contenu des terres, dépendent donc d'une de ces deux caufes, qu'il eft très-effentiel de bien diftinguer : quand la combinaifon ceffe, par un moyen quelconque, la terre abandonnée à fa pefanteur fe précipite ; & je nommerai *précipitation de diffolution*, ce genre de dépôt. Quand le mouvement fe calme, les molécules obéiffent à leur gravité & arrivent au fond du fluide ; j'appellerai cette efpèce de dépôt , *précipitation de tranfport.*

La manière dont ces dépôts fe confolident indique prefque toujours la caufe qui les a produits. Après la diffolution , les molécules font néceffai-rement dans le dernier degré de divifion dont elles font fufceptibles. Cette extrême petiteffe leur procure une mobilité & une tendance à l'aggrégation qu'elles n'ont plus, ou qu'elles perdent graduellement en fe réuniffant en plus grand nombre, jufqu'à ce que leur petite fphère d'activité foit occupée. Les molécules qui échappent au diffolvant ou qu'il délaiffe , peuvent donc fe préfenter les unes aux autres de la manière qui convient le mieux à leur forme élémentaire, s'arranger régulièrement & fe lier entr'elles par toutes les forces que l'attraction exerce fur les parties fimilaires, lorfque les points de contact font auffi multipliés qu'il

est possible. Une précipitation de dissolution, dont les progrès auroient
été assez lents, pour que chaque molécule eût pu prendre exactement la
place adaptée à sa forme, présenteroit une aggrégation de corps parfaite-
tement réguliers. Mais si les molécules tombent en trop grand nombre
pour que chacune choisisse exactement sa place, mais que cependant elles
aient assez de tems & d'espace pour se retourner & présenter une de
leurs faces au contact de leurs voisines, la masse du précipité offrira des
ébauches de cristallisation, & les lames entrecroisées prouveront également
ment la dissolution préalable : dans ces deux cas, les dépôts acquièrent
une solidité que le fluide a favorisée, loin d'y porter obstacle ; les molécules aqueuses ont été exclues de cette aggrégation par l'action qui a
réuni les particules terrestres, il n'y a été conservé que celles qui pouvoient se loger dans quelques intervalles, sans relâcher les liens de
l'aggrégation & qui même leur donnent des forces. Les masses compactes
qui ont été ainsi formées peuvent passer de l'humidité à la sécheresse
sans changer de volume, quoiqu'elles puissent perdre par l'évaporation
cette portion d'eau qui leur est étrangère & qui se dissipe sans changer
les rapports que les molécules terrestres ont entr'elles. Il y a d'autres
circonstances où la précipitation est tellement accélérée, où les molécules,
tombant toutes ensemble, se rencontrent dans un tel désordre, & sont
pressées par celles qui les suivent, de manière qu'elles se saisissent à la hâte
sans céder aux tendances électives, sans pouvoir se lier fortement entr'elles,
& sur-tout sans pouvoir se réunir en masse, en excluant le fluide qui
occupe des espaces réunis de la gravité & de l'affinité. Ce dépôt, s'il a
contre lui les forces réunies de la gravité & de l'affinité. Ce dépôt, s'il a
pu devenir concret au fond de l'eau, n'acquerra jamais de solidité même
par le desséchement ; mais si ces parties encore très-fines sont restées
mobiles, alors il pourra se consolider par le desséchement en diminuant
de volume, & il rentrera ainsi dans la classe des dépôts de transport.

Dans les précipitations de transport, les particules terreuses n'y sont
point réduites à la subtilité des molécules élémentaires ; elles sont ainsi
privées de leur grande tendance à l'aggrégation & de la mobilité qui leur
est nécessaire pour prendre entr'elles des places d'élection. Lorsqu'elles
sont toutes ensemble abandonnées par le mouvement qui les soutenoit
dans le fluide, elles ne mettent d'intervalle dans le tems où elles arrivent
toutes au fond du bassin, que celui qui est relatif à l'espace qu'elles ont
à parcourir & à leur pesanteur spécifique ; ne se recherchant point pour
s'unir, elles laissent entr'elles des intervalles que remplissent des molécules aqueuses ; l'action de leur attraction est tellement foible qu'elle ne
franchit pas le petit espace occupé par ces molécules fluides, qui y resteront
libres & mobiles, jusqu'à ce que d'autres causes viennent les déplacer.
Mais si ce fluide se dissipe par un moyen quelconque, les particules
terrestres se rapprochent de tout l'espace qu'il occupoit, & l'attraction,

impuiſſante juſqu'à ce moment, peut les lier enſemble, s'il n'y a pas d'autres cauſes qui s'y oppoſent, telles que la groſſeur & la forme de ces particules. Auſſi long-tems donc que ce dépôt de tranſport eſt dans l'eau, & qu'il n'eſt point pénétré par un dépôt de précipitation qui, s'uniſſant à lui, colle, en quelque ſorte, ſes particules enſemble, il ne ſauroit ſe conſolider. Il eſt néceſſaire pour que ſes parties ſe lient enſemble (ſi elles ont les autres qualités requiſes), que l'air libre favoriſe ſon deſſéchement; alors en ſe reſſerrant ſur lui-même, il diminue de volume en même-tems qu'il devient concret; mais quelque dureté & quelque denſité que la maſſe acquière par ce moyen, elle ne préſentera point dans ſon grain ou ſa pâte des indices de criſtalliſation, à moins que les opérations poſtérieures de l'in-filtration n'y en produiſent. Mais dans tous les cas les fentes occaſionnées par le retrait indiqueront la conſolidation produite par le deſſéchement, & la diſtingueront de celle qui dépend uniquement de l'affinité d'aggrégation.

Quelque ſimples que ſoient ces idées, quelque triviales qu'elles paroiſſent, j'ai voulu leur donner quelque développement, croyant qu'elles répandroient un peu plus de clarté ſur la diſcuſſion dans laquelle je vais entrer.

Si j'attribue la formation des couches calcaires primitives à une pré-cipitation de la première eſpèce, c'eſt-à-dire, qui a ſuccédé à une diſſo-lution de la terre calcaire dans un fluide, je refuſe entièrement cette cauſe aux couches de pierres calcaires ſecondaires & tertiaires, & à toutes celles qui renferment des coquilles. Je ne vois dans celles-ci qu'un dépôt du ſecond genre, & quoique je convienne que toute la terre calcaire qui exiſte à la ſurface du globe, ait dû entrer dans le diſſolvant univerſel, ſans quoi elle auroit été enſevelie ſous les premiers dépôrs, je ne retrouve plus dans ces nouveaux bancs les caractères qui annoncent la première eſpèce de précipitation. Toutes les pierres calcaires primitives ſont des marbres (c'eſt-à-dire, qu'elles ſont ſuſceptibles du poli & du luſtre). Elles ont un grain ſalin plus ou moins gros, un tiſſu écailleux à facettes lui-ſantes, qui annoncent une ébauche de criſtalliſation; & on reconnoît qu'elles doivent leur dureté au ſeul entrelacement de leurs écailles : leur conſolidation a donc pu ſe faire dans le fluide lui-même, puiſque, comme nous l'avons dit, elle eſt indépendante de ſa préſence, & qu'elle appartient à l'affinité d'aggrégation. Ils retiennent pour la plupart une portion d'eau qu'on peut nommer *eau de criſtalliſation*. Elle ſe diſſipe par une longue expoſition à l'air, & alors le marbre perd, en partie, ſa demi-tranſpa-rence, ſon grain, ſa peſanteur ſpécifique, ſa dureté, mais ſans diminuer de volume (1). Auſſi les fentes y ſont très-rares, elles traverſent les

_____

(1) Les marbres qui ont perdu leur eau de criſtalliſation changent leur tiſſu écailleux contre un grain rond, dont la liaiſon eſt très-foible. Le marbre dans cet

masses irrégulièrement & de biais, elles se croisent sous tous les angles, & sans correspondance entr'elles ; on voit donc aisément qu'elles ont été produites par des ruptures postérieures à la consolidation, & que les bancs ont cédé à des efforts violens. Mais les pierres calcaires coquillières, les marbres secondaires n'ont rien qui indique la dissolution préalable ; leur grain & leur texture ne présentent que l'idée d'une vase délayée, rendue concrète par le desséchement, consolidée par le seul rapprochement des particules, lesquelles n'ont été ni assez divisées ni assez mobiles pour prendre les places d'élection qui produisent les cristallisations (1) ;

état ne peut plus servir aux ouvrages de sculpture, il est trop friable. Les ouvriers de Carare le nomment *Marmo cotto*, marbre cuit, parce que l'exposition au soleil & à l'intempérie hâte cet effet. Il y a des marbres pour lesquels ce desséchement est très-prompt, d'autres qui retiennent plus long-tems cette eau de cristallisation, dont la quantité varie ; & il seroit essentiel que le sculpteur pût toujours connoitre & avoir égard à cette circonstance. On exploitoit, il y a quelque tems, à Carare un banc de marbre blanc statuaire, que l'on nommoit *Betullio*, du nom de son propriétaire ; il paroissoit doué de toutes les propriétés les plus précieuses pour les arts, mais son desséchement étoit si prompt, même dans les lieux couverts, que les statues, qui en étoient faites, se brisoient d'elles-mêmes en peu d'années par le seul poids des parties qui n'étoient pas soutenues. Le marbre, dit élastique, du palais Borghèse à Rome, ne doit la faculté de ployer un peu, sans *élasticité*, qu'à cet état de desséchement qui a affoibli l'adhérence de ses molécules. Les Grecs pour empêcher ce desséchemens dans les blocs de marbre, dont ils ne vouloient point encore faire usage, les enterroient, parce que, dit Théophraste: *Qui insolantur, alios in totum exsiccari, ut nulli sint usui, nisi iterum madefacti : alios meliores & friabiliores fieri.* Cette eau de cristallisation n'a pas assez été distinguée de celle qui peut être partie constituante de la pierre calcaire (si tant est qu'il y en ait qui lui soit essentielle). M. Théodore de Saussure, qui marche à la gloire sur les traces de son père, m'a écrit qu'il avoit fait l'analyse des pierres calcaires peu effervescentes & phosphorescentes, que j'ai décrites dans le Journal de Physique du mois de juillet, qu'il avoit vu avec surprise qu'elles ne contenoient point d'eau, & que c'est à l'absence de ce fluide qu'elles doivent leur densité, & la lenteur avec laquelle elles sont attaquées par les acides. Il publiera bientôt cette analyse curieuse. Je crois donc que c'est l'eau de cristallisation qui leur manque, & qui a été exclue par un plus grand rapprochement des particules de terre calcaire aérée ; circonstance qui les rend presqu'indestructibles à l'air où elles ne peuvent pas être plus complettement desséchées. Ce qui confirmeroit cette observation de M. Théodore de Saussure sur la cause de la lente effervescence avec les acides, c'est que les marbres ordinaires ainsi altérés à l'air par ce genre de desséchement sont plus lentement & plus paisiblement attaqués par les acides, ce qui avoit fait croire à quelques personnes qu'ils changeoient de nature, & qu'ils cessoient d'être calcaires.

(1) Les pierres, qui doivent leur consolidation au desséchement, acquièrent encore plus de solidité & de densité lorsqu'elles sont tirées de leurs carrières & exposées à l'air libre. Elles y perdent ce qu'on nomme leur eau de carrière : elles y deviennent d'autant plus difficiles à travailler. Les Grecs prévenoient encore cet effet, contraire à celui de la note précédente, en enterrant les blocs. Plutarque en parle de la manière suivante: *Itaque etiam fabri lapides operi habiles defodiunt sub terram, tanquam*

fi j'y vois quelques lames fpathiques, quelques ébauches de criftaux, j'y reconnois auffi le travail d'une infiltration poftérieure qui augmentant la dureté & la denfité de ces pierres, en a rempli avec du fpath calcaire les fentes & les petites cavités, & qui a converti le tiffu ordinaire des corps marins en lames fpathiques (1); les fentes y font nombreufes, régulières, elles coupent perpendiculairement l'épaiffeur du banc; elles font à-peu-près parallèles entr'elles, elles fe croifent fous des angles droits où elles figurent des rhombes. Ainfi fur ces feules indications je ferois autorifé à dire que les terres qui ont formé ces bancs ont appartenu certainement à la diffolution générale primitive; mais que depuis lors elles ont été remaniées, modifiées, agitées dans l'eau, qu'elles fe font entaffées par le repos, & confolidées par le deffféchement.

On croit communément avoir tout dit lorfqu'on a prononcé que les pierres calcaires coquillières font un dépôt de la mer; en convenant avec tous les auteurs, de l'origine des coquilles qu'elles renferment, en reconnoiffant que la mer a pu concourir d'une certaine manière à leur formation, j'avoue que leur exiftence n'en eft pas moins pour moi le problème de Géologie le plus difficile à réfoudre, & je fuis loin d'admettre que ces couches fe foient faites dans le fein des eaux, & qu'elles foient une preuve du long féjour de la mer fur nos continens, en entendant par le mot de féjour un état femblable au repos où elle eft depuis long-tems dans les immenfes baffins qu'elle occupe. Cette idée paroîtra fûrement extraordinaire; elle contrariera un fyftême prefqu'univerfellement adopté; mais j'efpère lui fournir quelques probabilités quand je lui aurai donné un peu de développement; & pour pouvoir traiter cette queftion avec plus de clarté & de précifion, j'ai cru devoir divifer le problème de la formation des

maturandos, & coquendos à calore: qui fub dio undique jacent, frigore rigidi, & intractabiles rediguntur, operifque refiftunt. Plut. in Symp. VII, page 701.

(1) La texture de quelques coquilles teftacées, de tous les cruftacés, & de la plupart des productions de polypiers eft lâche; les particules calcaires qui les forment & qui ont pu paffer par le filtre animal, font très-fubtiles. Elles adhèrent foiblement les unes aux autres, & y font collées, plutôt par une efpèce de *mucum*, que par la force d'attraction; lors donc qu'elles ont perdu ou par évaporation, ou par l'abforption des corps qui les environnent, un peu de ce gluten, qui paroît arrêter l'effet de l'eau fur elles, elles cèdent facilement à l'action diffolvante de l'eau douce, quelle que foible qu'elle foit. Ces molécules prennent alors aifément leurs places d'élection; l'infiltration y apporte d'autres molécules, quelquefois colorées par le fer, & elles adoptent toutes enfemble une difpofition lamelleufe ou fpathique, en confervant cependant exactement les formes extérieures, & fe modelant même quelquefois fur l'organifation intérieure. Le corps marin augmenté de denfité, eft ainfi tranfmuté en fpath calcaire, dont fa propre terre a fourni une partie de la bafe. Par exemple, nous obfervons que toutes les parties des échinites, teft & pointes, ont éprouvé cette converfion en fpath calcaire, lorfqu'ils ont été renfermés dans des couches crétacées, ou de pierres calcaires.

couches

couches calcaires fecondaires en trois queftions. Où la mer a-t-elle pris les matériaux dont elle a formé les couches ? Comment s'en eft-elle chargée ? Comment les a-t-elle tranfportés & dépofés ?

La première de ces queftions eft la plus facile. La création du calcaire eft pour nous, ainfi que je l'ai déjà dit, de la même époque que celle des autres terres. Il a concouru avec elles, quoiqu'en moindre quantité, à la formation des plus anciens matériaux folides de notre globe. Il exifte dans le feld-fpath des granits & dans prefque tous les compofans des roches primitives ; fa terre eft la plus foluble de toutes ; elle a dû refter la dernière dans le diffolvant général, & ne fe précipiter qu'au moment où ce diffolvant achevoit de s'anéantir par la féparation de fes principes prochains, ou par toute autre caufe. Ainfi dans le fyftême que j'adopte, on peut fuppofer telle quantité de terre calcaire, dont on aura befoin, dans les derniers dépôts d'une précipitation qui a pu être tellement accélérée fur fa fin, qu'elle n'a plus permis aux molécules le genre de rapprochement qui avoit fait la folidité des couches précédentes; ainfi l'aggrégation étant foible ou nulle, l'eau a toujours pu délayer ce dernier dépôt avec autant de facilité qu'elle délaye l'argile. Il paroît qu'aucun animal, aucun coquillage n'a pu exifter dans ce fluide, auffi long-tems qu'il a pu diffoudre la terre calcaire, & nous ne trouvons aucun débris des règnes organifés, dans ces dépôts de criftallifation.

Parmi beaucoup d'événemens qui ont pu arriver à la terre dans ces tems reculés, nous devons remarquer une grande cataftrophe. Son époque paroît divifer le tems de la précipitation des dépôts primitifs, de celui qui a préfidé à la formation des couches de tranfport. La régularité du premier travail a été dérangée ; une rupture a été produite par une caufe quelconque, mais fûrement d'une force ou d'une violence extraordinaire, puifqu'elle a pu fracturer une écorce d'une folidité extrême, & dont l'épaiffeur furpaffoit quatre mille toifes. Les bancs, que la précipitation avoit difpofés horifontalement & que la criftallifation avoit confolidés, ont été foulevés; les uns en prenant une pofition prefque verticale, font arrivés à une hauteur que les eaux n'ont pu atteindre depuis lors, pendant que les autres font reftés différemment inclinés. Ainfi fe font formées les plus grandes éminences de notre globe ; celles qui ont enfuite déterminé toutes les irrégularités de fa furface. Cet événement paroît avoir porté la vie fur la terre; la matière s'eft organifée, le règne végétal a paru, & la mer s'eft peuplée d'animaux des mêmes efpèces que celles qu'elle nourrit maintenant, ce qui prouve qu'alors fes eaux avoient des qualités phyfiques & chimiques femblables à celles qui les caractérifent encore. Elles tenoient les mêmes fels en diffolution, puifque cette feule circonftance établit les diffemblances qui diftinguent les coquilles fluviatiles des maritimes.

Auffi-tôt que la terre a eu des éminences, elle a eu des efpaces creux

C

dans lefquels les eaux fe font retirées & accumulées. La pente feule a pu faire arriver dans le fond des baffins de ces premières mers les débris des premières montagnes, & cette dernière portion de la précipitation calcaire, qui, ne s'étant point confolidée par la criftallifation, a pu aifément couler & venir occuper tous les lieux intérieurs. Ces matières ont pu fe difpofer horifontalement & y enfevelir les coquilles dont plufieurs circonftances pouvoient favorifer la multiplication. Si donc le problême fe réduifoit à indiquer comment des couches calcaires coquillières & horifontales ont pu fuccéder aux bancs verticaux, on croiroit pouvoir facilement lui donner une folution, en fuivant cette idée & en lui faifant fubir quelques modifications ; mais beaucoup d'autres conditions fe préfentent & viennent rendre la queftion plus compliquée & plus difficile. Il faut plus faire que de recevoir dans un fond des matières qui y font appelées par la pente & dont le moindre mouvement peut encore accélérer la marche ; il faut faire remonter ces matières fur de très-hautes fommités, il faut en envelopper des montagnes déjà formées, il faut les y confolider, afin qu'elles ne redefcendent plus. Il ne fuffit pas non plus d'enfevelir régulièrement des coquilles deffous les couches, il faut les placer dans leur intérieur avec défordre, il faut les y fracturer, les y broyer en quelque forte, il faut réunir dans les mêmes bancs les coquilles pélagiennes & les littorales ; il faut mêlanger & empâter des matières diverfes qui n'ont pas les mêmes pefanteurs fpécifiques ; il faut accumuler fur des mines de charbon de terre d'une origine végétale, des couches de différentes pierres jufqu'à une épaiffeur qui arrive quelquefois à plufieurs centaines de toifes ; il faut couvrir des mines de fel gemme par des montagnes calcaires coquillières ; il faut ouvrir de vaftes vallées au milieu de matières très-folides ; il faut tranfporter à de très-grandes diftances, de très-groffes maffes ; il faut accumuler & détruire prefqu'en même-tems, il faut en quelque manière affocier l'ordre à la confufion. Voyons fi la mer, qui féjourne depuis long-tems dans fes baffins actuels, a pu y produire des effets femblables ; & , fans avoir befoin d'aller fuivre fes opérations dans les profondeurs de l'océan, obfervons ce qu'elle produit plus près de nos côtes, dans les lieux où les animaux qu'elle nourrit, quoique plus rapprochés de nous, jouiffent du même repos & ignorent également les tempêtes qui agitent fa furface.

Je ne vois d'abord nulle part des bancs de pierre fe confolider dans le fein des eaux de la mer; nulle part la mer ne forme des couches de concrétions femblables à celles que les eaux douces, qui tiennent des terres calcaires en diffolution, abandonnent dans leurs canaux, ou dépofent dans le fond des réfervoirs où elles font contenues; car les eaux de la mer paroiffent être privées par leur falure, de la faculté de fe combiner avec de nouvelles terres & même de la foible action que les eaux douces ont fur les pierres calcaires (1). La vafe, qui occupe le fond du port de Malte, y eft dans le même état de molleffe qu'elle avoit, lorfque les Phéaciens vinrent les premiers habiter cette île, puifqu'aucun banc folide n'y recouvre la pierre blanche crétacée qui conftitue le maffif de ce rocher calcaire. les pilotis, plantés dans différens ports pour affeoir les fondemens des édifices & des quais qui y ont été conftruits, pénètrent fans obftacles jufqu'au fol de l'ancien baffin, c'eft-à-dire, que tous les tems qui fe font écoulés depuis que la mer occupe ces ports n'ont rien fait pour la confolidation des matières qui s'y font accumulées : elles font reftées molles, parce qu'elles ont toujours été humectées, & la preffion qu'opère le poids des nouveaux dépôts ne fuffit pas pour expulfer le fluide qui tient leurs molécules féparées. Mais lorfque ces vafes font forties de la mer, & qu'elles ont dégorgé l'eau falée par l'expofition à l'air, elles peuvent acquérir un peu de dureté, en fe refferrant fur elles-mêmes. Le fable calcaire, qui occupe le fond du canal qui fépare la Sicile de Malte, ne s'agglutine pas, quoique la profondeur l'empêche de participer à l'agitation de fa furface ; & les bancs de ce même fable, fur lefquels des eaux moins profondes s'agitent violemment dans des tems de tempête, ne s'agglutinent pas davantage. Lorfque des ancres rapportent, des fonds de mer où elles peuvent atteindre, quelques fragmens de rochers, on y reconnoît les pierres des côtes voifines. Les coraux que l'on arrache à des mers fouvent très-profondes, lorfqu'ils ne furmontent pas d'autres productions de polipiers, lorfqu'ils adhèrent à un fol folide, entraînent avec eux une portion du rocher fur lequel ils ont crû, & jamais rien n'indique que ces rochers foient d'une formation nouvelle. Tous les attériffemens auxquels la mer & les fleuves ont concouru font des matières mouvantes : en un mot, fi je confulte les opérations actuelles de la mer, je ne lui vois produire aucune pétrification (2) ; jamais les coquilles ni les madrépores ne prennent dans fes eaux le tiffu fpathique qu'elles ont dans les bancs calcaires ; & rien de ce que j'y obferve ne peut me faire concevoir comment les anciennes couches auroient pu fe confolider dans le fein de fes eaux. Car ce qui ne fe fait point à cent toifes de profondeur ne doit pas s'opérer davantage à deux mille toifes ; la ftagnation, le

---

(1) Car le petit phénomène de la côte de Meffine a une caufe particulière : outre les tourbillons ou tournoyemens violens produits par la rencontre des courans qui peuvent broyer les matières calcaires, il fe jette dans la mer beaucoup de fources hépatiques chargées de terre, dont la précipitation aglutine les fables du rivage, & forme des pierres meulières très-dures.

(2) Car je n'appellerai pas pétrifications, les morceaux de bois fur lefquels des coquilles fe font attachées & qu'elles ont enveloppés de manière à les préferver pendant long-tems de la pourriture.

repos qui peut favorifer l'endurciffement, n'eſt plus troublé par les
cauſes extérieures à dix toiſes de profondeur.

Si la mer ne forme pas de nouvelles couches de pierres, je ne lui
connois guère plus de moyens pour détruire les anciennes, & par conféquent pour porter ailleurs les matières qui les compoſent. J'ai déjà
dis qu'elle n'avoit pas la propriété de les diſſoudre (1); je ferai maintenant obſerver que, malgré ſa plus violente agitation, elle agit
foiblement ſur celles de ces pierres que la ſeule humidité ne défait pas.
Les flots ſe briſent pendant des ſiècles ſur des pointes de rochers aſſez
tendres, ſans diminuer ſenſiblement leurs volumes; depuis des ſiècles
la rapidité des courans & l'agitation de la mer attaquent les rochers
de Scylla ſans les faire reculer; les écueils à flots d'eau, qui font
l'effroi des navigateurs, ne diſparoiſſent pas ſous la main du tems;
toujours couverts de l'écume des flots qui ſe briſent deſſus, ils réſiſtent
à ce combat continuel; &, mille ans après, un nouveau naufrage
vient atteſter qu'ils exiſtent encore. Que l'on ne m'objecte pas les petits
effets de la corroſion, auxquels le paſſage de l'humidité à la ſéchereſſe
& l'action des vents ont autant contribué que les chocs de la mer.
On ne ſauroit me citer un rocher ſolide, ſeulement d'une demi-lieue
d'étendue, qui, depuis que l'hiſtoire des hommes nous tranſmet quelques
faits géographiques, ait diſparu ſous les efforts des flots, en le ſuppoſant
même livré de tous côtés à leurs aſſauts (2); & cependant nous voyons,

(1) Ceux qui attribuent aux eaux de la mer la propriété de diſſoudre la terre
calcaire, par l'intervention de l'air méphitique, & qui ſuppoſent, qu'ainſi acidifiée,
elle a pu ſe charger des matières dont elle a enſuite formé nos couches par une
précipitation de diſſolution, ne réfléchiſſent pas que cette propriété diſſolvante,
accordée à l'eau de la mer, attaqueroit également les coquilles & autres corps
crétacés, & les détruiroit. D'ailleurs, cet acide méphitique qui peut diſſoudre une
très-petite quantité de terre calcaire, n'agit point ſur l'argile, encore moins ſur la
terre ſilicée; cependant l'une & l'autre ſont mêlées avec les couches calcaires ſecondaires. La ſeule exiſtence des bancs de pierres arreneuſes, dont le ciment eſt
calcaire & le ſable quartzeux, comme les grès des pavés de Paris, ou argilo-calcaire,
comme les *Cos*, dits *Mancigno* en Toſcane, leur doit préſenter des difficultés inſur-
montables. Car ſi le ciment eſt un dépôt de diſſolution, le ſable eſt ſûrement un
dépôt de tranſport; quand même les précipitations des deux genres ſeroient arrivées
ſimultanément, quand même la ſuſpenſion & la diſſolution auroient ceſſé en même-
tems, le ſable ne ſeroit pas reſté mélangé dans le calcaire, il ſeroit arrivé ſeul au
fond du fluide, ſes grains déjà formés ayant une peſanteur ſpécifique bien ſupérieure
à celle des molécules calcaires. Très-ſouvent les couches calcaires & argileuſes
alternent régulièrement, elles doivent ſûrement leur tranſport à la même cauſe; or,
ces argiles qui contiennent plus de moitié de leur poids de terre ſilicée, n'ont pas pu
être diſſoutes par l'acide méphitique.

(2) J'ai moi-même cité, dans mes Mémoires ſur les îles Ponces & de Lipari, des
îles tellement dégradées par la mer qu'elles s'étoient diviſées, & que pluſieurs étoient

entre des bancs de marbre qui se correspondent & qui certainement ont formé les mêmes couches, des solutions de continuité de plus de six lieues de largeur sur une longueur quelquefois de cent. Comment croire donc que ce soit la mer qui, dans des circonstances à-peu-près semblables aux présentes, ait ouvert ces détroits? Que l'on ne me dise pas que la nature ne compte pas avec le tems, que l'histoire des hommes est bien nouvelle; & que, dans le long période qui l'a précédée, la mer, quoiqu'avec une extrême lenteur, a pu faire tout ce qu'on lui attribue. Je conviendrai que le tems n'est rien pour la nature, mais cependant elle a placé au milieu de ses créations quelques bornes qui fixent différentes époques dans sa durée, & qui doivent modérer les élans de l'imagination. Tout me porte à croire qu'en façonnant la terre telle que nous l'habitons, la nature n'a pas dépensé le tems avec autant de prodigalité que quelques écrivains célèbres l'ont supposé.

Les efforts de la mer étant impuissans lorsqu'elle agit contre des corps solides voisins de sa surface, & sur lesquels elle peut déployer toutes ses forces, puisque son impulsion est foiblement modérée par la résistance de l'air, peut-on supposer que son mouvement au sein des eaux soit plus actif, lorsqu'il ne peut plus y avoir d'accélération produite par des chûtes? Les courans, ces instrumens dont les géologistes se servent avec tant de complaisance, soit pour creuser des vallées, soit pour transporter les matériaux dont ils forment les couches, peuvent-ils bien réellement remplir les fonctions qui leur sont attribuées? Peuvent-ils transporter à de grandes distances les terres & les sables dont ils peuvent être chargés? Je dirai que *non*; & lorsque j'aurai prouvé que des corps d'un petit volume ne peuvent pas cheminer long-tems avec eux, on ne croira pas qu'avec une plus grosse masse & une majeure densité, ils soient plus susceptibles de céder à leur mouvement.

Tous les corps qui n'ont point d'adhérence entr'eux, qui diffèrent par leur volume & leur densité, & qui obéissent ensemble à la puissance de la gravitation dans un milieu qui présente quelque résistance, tendent toujours à se séparer, quoiqu'ils aient reçu une impulsion commune, & qu'ils commencent à se mouvoir dans la même direction; ainsi, toutes les matières qui ne sont pas équipondérables avec l'eau, & qui se trouvent emportées par un courant, tendent à en sortir, soit qu'elles soient plus légères ou plus pesantes; & elles s'en échappent réellement bientôt, ainsi que le prouve l'expérience, si elles ne sont pas contenues dans des canaux qui les empêchent de se soustraire au mouvement

---

presque détruites; mais ce sont des îles volcaniques, dont les matières sont friables, & cèdent facilement au battement des flots. Les laves qui auroient résisté ont été dégradées par dessous, & elles ont dû s'écrouler.

qu'elles fuient. Les fleuves qui ont un long cours , & qui portent
leurs eaux à la mer, les lui donneroient toujours pures, fi les rives
n'avoient pas retenu dans le courant toutes les matières qui s'y
trouvoient. Les courans de la mer fe meuvent au milieu d'un
fluide femblable à eux , & ils lui tranfmettent bientôt toutes les
matières dont ils fe feroient chargés à leur naiffance , ou qui auroient
été admifes dans leur fil , ou qu'ils auroient foulevées du fond. Auffi
fur le rivage d'une île qui fera à une vingtaine de lieues d'un continent,
on ne trouvera point de fable qui foit étranger à la nature de fon fol,
quoiqu'environnée de courans qui arrivent de toutes les directions :
les matières , plus légères que l'eau , y font conduites par les vents
qui les y pouffent. Je dirai qu'il y a cependant des courans de mer
qui forment des attériffemens , mais c'eft près des côtes, mais c'eft
précifément parce que les fables fuient le mouvement & paffent dans
la portion du fluide qui eft tranquille. Je fais , par exemple, que la
plupart des ports de la Méditerranée, ceux même qui ne font pas voifins
de l'embouchure des rivières , fe comblent journellement par l'arrivée des
fables étrangers à leurs baffins ; & je dirai qu'ils y font apportés par
un courant littoral continuel qui fait le tour de la Méditerranée, &
qui en rafe fucceffivement toutes les côtes de gauche à droite ; mais
ce courant ne fe charge pas lui-même des fables qu'il tranfporte , il ne
fait qu'imprimer le mouvement qui lui eft propre, aux matières que
d'autres accidens ont mifes en fufpenfion dans le fluide ; & fes eaux
feroient toujours pures, fi aucune autre caufe ne concouroit pour les
troubler. Les fleuves qui verfent leurs eaux dans les fiennes , & qui font
forcés de fléchir à fa rencontre , lui apportent du fable & de la
vafe à qui il donne pour quelques inftans fa direction ; mais la plus
grande partie du fable qu'il charrie appartient aux côtes voifines ; l'agitation des flots qui battent fur le rivage les y a enlevés : après les
tempêtes l'eau du rivage eft d'autant plus trouble que la côte eft plus
baffe & fe termine dans la mer par une pente infenfible ; car fi au-delà
de 30 pieds de profondeur l'effort de la plus violente tourmente eft
nul fur le fol, en deçà de ce terme la maffe entière des eaux peut être
mife en mouvement ; elle peut foulever le fable fur lequel elle s'agite ,
& le porter ainfi dans le fil du courant : il ne tarde pas cependant
à s'en échapper , pour paffer dans les eaux ftagnantes qui en font
voifines & où il fe dépofe. Le même effet arrive fans tempêtes fur
les côtes fujettes à la marée : les fables qui font ainfi fucceffivement
repris & dépofés peuvent faire beaucoup de chemin. Il feroit poffible
que les fables volcaniques de l'Ethna fiffent de cette manière le tour
de la Sicile , mais ils ne peuvent jamais arriver jufqu'à Malte ; &
lorfqu'une côte eft bordée de rochers pendant une ou deux lieues au-

.deſſus du courant, le port qui eſt au-deſſous ne craint point les attériſſemens.

Mais quand j'admettrois même la ſuppoſition que les courans peuvent
faire de grands déplacemens de terre, quand j'introduirois dans la
mer des fleuves de vaſe qui n'auroient, en y entrant, que le degré de
liquidité néceſſaire pour les rendre fluides & les faire cheminer, qu'arri-
veroit-il enfin au moment où leur mouvement progreſſif ceſſeroit?
dans l'inſtant toutes les matières, apportées dans le ſein des eaux, ſe
délayeroient dans une plus grande quantité de ce fluide, & chaque
molécule obéiſſant iſolément aux loix de la gravitation relativement
à ſon volume & à ſa denſité, ſe précipiteroit, toutes ſe ſépareroient
en deſcendant, les plus peſantes arriveroient les premières, & le dépôt
préſenteroit de petites couches dont la dernière appartiendroit aux
molécules les plus ſubtiles. C'eſt ce qui ſe voit dans les dépôts des
fleuves débordés, comme dans les attériſſemens des courans, dont chaque
période eſt marqué par l'alternation de ces différentes couches : or les
bancs de nos montagnes ne nous préſentent pas cet effet néceſſaire
d'une précipitation qui ſe fait dans un grand volume d'eau.

Les courans de la mer auroient-ils plus de puiſſance, pour excaver,
que je ne leur en ai trouvé pour porter? je dirai encore *non*; &, en
prenant toujours mes comparaiſons dans les conditions les plus favorables à l'effet demandé, je parlerai encore des fleuves.

Les grands fleuves, quelle que ſoit la rapidité de leur marche, ne
creuſent plus leur lit, n'emportent pas leur rivage, lorſque le fil de
leur courant eſt parallèle à leurs bords. Les eaux du Rhône ſont claires
dans les tems ordinaires ; ce n'eſt que pendant ſes crues qu'elles ſe
troublent, & alors ce n'eſt point dans le fond de ſon berceau qu'il prend
les matières qu'il tranſporte ; les habitans de ſes rives qu'il tourmente
par ſes fréquentes inondations, ne trouvent pas que ſon lit acquière
plus de capacité ; mais les torrens, à qui la chûte à travers les montagnes a donné une accélération de mouvement qui ajoute à la puiſſance
de leur maſſe, entraînent dans ce fleuve des terres, des ſables &
même des pierres, elles y prennent la direction du nouveau courant,
& elles y réſiſtent pendant quelque tems à la gravitation par la force
de l'impulſion qu'elles ont reçue, & qu'elles perdent d'autant moins
vîte que la marche du fleuve eſt plus accélérée. Mais lorſque les pierres
en ont gagné le fond, elles n'avancent plus, & on a conſtamment
obſervé qu'elles ne changeoient plus de place, ſans quelques accidens
ſinguliers, tels que celui des glaçons qui les ſouleveroient. Le Pô, le
plus grand fleuve de l'Italie, loin de creuſer le ſol qui le porte, par le
frottement de la maſſe très-conſidérable de ſes eaux dont le cours eſt
périodiquement accéléré par de grandes crues, exhauſſe ſans ceſſe le
fond de ſon lit, &, contenu par des digues, il coule maintenant trente

pieds au-deſſus du ſol des campagnes qu'il traverſe. L'action de tous
les fleuves ſur leur lit eſt tempérée par le volume même de leurs eaux ,
parce que la plus grande vîteſſe du courant n'eſt ni à la ſurface ni au
fond, mais dans le milieu de la hauteur. Combien plus foible encore
doit être l'action des courans de la mer ! peut-être même pourroit-on
affirmer qu'il n'en eſt aucun qui puiſſe troubler la tranquillité parfaite
du fond de l'Océan. Les courans très-rapides ſont ſuperficiels ; ils doivent
leur vélocité au reſſerrement des côtes, comme ils doivent la plupart
leur durée & leur variation au flux & reflux : c'eſt dans les canaux ,
c'eſt dans les détroits qu'ils ont une grande rapidité. Les cauſes de la
marée agiſſant ſucceſſivement ſur les différentes parties de la ſurface
du globe, changent périodiquement le niveau relatif des eaux aux deux
extrêmités d'un détroit , & alternativement il y a le paſſage du verſement
des unes dans les autres. Or, lorſque deux récipiens pleins d'eau ſe commu-
niquent par une tranchée profonde également pleine , le ſurcroît d'eau
qui arrive dans un de ces baſſins établit un courant dans la tranchée ;
mais la communication ne ſe fait que par les ſurfaces qui ont des niveaux
différens ; le courant n'eſt que ſuperficiel, & le tranſvaſement du trop
plein n'imprime pas plus de mouvement à l'eau du fond du canal que
dans celle des récipiens. Ainſi, quoique le courant de Bahama file dix
nœuds à l'heure, quoique ceux de Gibraltar en filent huit, je ne crois
pas qu'ils approfondiſſent les détroits qu'ils traverſent, puiſqu'ils ne s'y
font certainement pas ſentir à vingt toiſes de profondeur. Les courans
occaſionnés par les vents réglés ſont beaucoup plus lents & plus ſuperficiels ; quelquefois ils ont une direction contraire à ceux du verſement,
& paſſent par-deſſus. Je ne leur accorderai donc aucune part à des
excavations ſemblables à celles de nos vallées (1). Ainſi, lors même
que nos couches euſſent été formées & conſolidées dans les abîmes d'une
mer ſemblable à la nôtre, nos vallées n'auroient pas pu y être creuſées.

Il me paroît également impoſſible que nos mines de charbons de terre
aient pu ſe former au ſein des eaux ; car , outre l'opinion que j'ai & que
je crois avoir rendu probable, que la mer ne peut pas conſolider dans ſes
eaux les couches des pierres de différente nature qui couvrent les charbons
foſſiles, il ne me ſera pas difficile de proüver également que la plupart
des dépouilles du règne végétal auxquelles elles doivent leur naiſſance
n'ont pu deſcendre dans les profondeurs de l'océan. Si quelques arbres ſe
précipitent dans l'eau par une peſanteur ſpécifique qui ſurpaſſe celle de ce
fluide , le plus grand nombre y ſurnage, ſur-tout les arbres réſineux ;

_____

(1) On pourroit peut-être m'objecter quelques faits particuliers, quelques opérations partielles, dépendans de circonſtances ſingulières, qui ne peuvent avoir aucun
rapport avec les grandes opérations de la nature , & qui, ou par leur peu d'étendue,
ou par le tems qu'ils exigent, confirmeroient plutôt mon opinion.

lorſque

lorſque les fleuves en portent à la mer, elle les rend à d'autres rivages, où ils s'entaſſent & ſe détruiſent bientôt, parce que la couche de ſable dont elle peut les couvrir ne les met pas à l'abri de la putréfaction. Les palmiers, les bambous, les roſeaux, les fougères, toutes les plantes herbacées & toutes les feuilles dont on trouve les veſtiges & les empreintes dans les ſchiſtes qui recouvrent les couches bitumineuſes, auroient-ils plus de facilité pour vaincre la gravité de l'eau? Comment parviendroient-ils dans des mers aſſez profondes pour les enſevelir enſuite ſous une épaiſſeur de deux cens toiſes d'autres dépôts.

Les mines de ſel gemme préſentent les mêmes difficultés. Si l'on attribue leur formation à l'évaporation des lacs ſalés, comment expliquera-t-on celle des couches calcaires coquillières qui y ſont interpoſées & qui les recouvrent? Si ces couches ſont un dépôt de la mer, comment le ſel gemme aura-t-il pu ſe précipiter dans une eau qui eſt encore bien éloignée du point de ſaturation?

Je pourrois préſenter mille faits également en contradiction avec l'opinion de ceux qui attribuent au long ſéjour de la mer ſur nos continens la formation de nos couches & l'ouverture de nos vallées. Cependant je ſuis loin de m'aſſocier aux erreurs de ceux qui ne reconnoiſſent pas dans les coquilles foſſiles les mêmes eſpèces que la mer nourrit encore. Il eſt de la dernière évidence pour moi comme pour tous les naturaliſtes, que les eaux ont eu une part très-active à la formation de nos couches, & je ne diffère avec eux que ſur la manière. Mais c'eſt pour le développement de mes idées à ce ſujet que je ſens manquer ma confiance; je ſens qu'en ajoutant mon ſyſtême aux dix mille ſyſtèmes déjà formés, je ne ferai peut-être qu'aſſocier une nouvelle erreur a toutes celles qui embarraſſent déjà le progrès des connoiſſances humaines. Je m'abſtiendrois donc de publier mon opinion, ſi je ne ſavois pas que l'eſprit ſe fatigue des négations, & l'on ſemble exiger que celui qui attaque des préjugés phyſiques, politiques ou religieux, les remplace ou par des vérités nouvelles, ou même par d'autres préjugés, quand ceux-ci ne devroient avoir pour exiſtence que le moment de leur enfantement.

Ce n'eſt donc point la mer repoſant tranquillement dans les baſſins où elle eſt fixée par le centre de gravité de la terre, que j'appelle à la formation de nos couches, mais ce ſont ſes eaux dans le plus violent état d'agitation où elles puiſſent ſe trouver. Ce ne ſera pas par de débiles courans que j'y ferai ouvrir nos vallées, mais par toute la puiſſance que l'eau peut recevoir de la réunion du poids d'une très-grande maſſe à une chûte précipitée. Ce ne ſera pas ſur le ſommet d'une montagne que je ferai vivre les coquilles pélagiennes, mais je les y tranſporterai de la plus grande profondeur des mers où elles peuvent ſeulement exiſter. Je ne réclamerai pas des circonſtances paiſibles pour mêler les productions de l'océan à celles de la terre, mais j'y appliquerai un déſordre tel que les

D

matières les plus diffemblables, les plus féparées par leur nature & par leur origine fe rencontreront, que les plus légères fe placeront fous les plus pefantes, que les maffes du plus gros volume feront tranfportées auffi facilement que les fables dans la mer actuelle ; ce n'eft pas le tems que j'invoquerai, c'eft la force ; on ne place en général fa confiance dans l'un que lorfqu'on ne fait où trouver l'autre.

Les principaux objets qui fe préfentent aux regards du naturalifte qui fe livre à la contemplation de nos continens, lui indiquent deux époques diftinctes pour la création de tout ce qui conftitue la furface du globe. Dans la première il place fans héfiter ces groupes & ces chaînes de montagnes dont les fommets aigus & déchirés furmontent les nues pendant que leurs racines paroiffent pénétrer dans le centre de la terre. Les matières qui les compofent autant que leur pofition indiquent & des caufes différentes & une origine antérieure à toutes les autres. Auffi depuis long-tems font-elles diftinguées par la dénomination de montagnes primi- tives ; épithète qui leur convient, car elles ont précédé toutes les autres, elles ont été les premières éminences du globe, & elles ont influé fur la formation de toutes les autres inégalités de fa furface.

Tout ce qui appartient à la feconde création a un caractère général très-remarquable : c'eft la tendance que toutes les matières ont à la pofition horifontale qui défigne l'ouvrage des eaux auxquelles cette fituation eft effentielle ; c'eft la difpofition par couches parallèles qui annonce une fucceffion d'opérations femblables. Mais en examinant avec un plus grand détail, on voit que les matières différentes n'ont point pris la place que leur défignoit la pefanteur fpécifique, non-feulement dans la difpofition des bancs entr'eux, mais encore dans le mélange des matières qui compofent la même couche. En reconnoiffant dans l'inté- rieur de la terre une immenfité de corps organifés, il remarque que ceux qui ne peuvent exifter qu'à l'air libre font fouvent enfevelis fous ceux qui font propres à la mer. Il voit des os de grands quadrupèdes, mêlés avec des offemens de cétacées ; des végétaux terreftres alternant avec des lithophites ; il voit encore, en prenant chaque règne en particulier, la réunion des efpèces qui naiffent fous les climats les plus lointains, dans les lieux les plus diftans ; la coquille littorale affociée à la coquille péla- gienne, celle des mers du fud réunie à celle du nord ; la fougère d'Amérique avec les palmiers de l'Afrique, avec les bambous de l'Afie ; enfin, il reconnoît que les élémens les plus oppofés ont concouru en- femble à la formation de quelques contrées ; il voit les produits de l'eau alternant avec ceux du feu, des poiffons des mers du fud fur des mon- tagnes volcaniques dans l'intérieur du continent de l'Europe; des coquilles dans des laves, & des couches calcaires, qui après avoir fuccédé jufqu'à trente fois à des couches produites par des torrens enflammés, les ont enfevelies fous deux cens toifes de dépôts qui n'appartiennent plus qu'à l'eau.

En particularifant davantage fes obfervations, le naturalifte reconnoîtra
que les bancs de pierres calcaires, quelle que foit leur épaiffeur, ont été
faits d'un feul tems, en quelque forte d'un feul jet, puifque dans toute
cette épaiffeur, il retrouve le même grain, la même pâte, puifque les
corps plus pefans qui y font renfermés ne font pas defcendus dans la
partie inférieure; il jugera que s'ils ont été dans un état de molleffe
qui les forçât de tendre à la pofition horifontale, ils n'ont pas été
long-tems dans un état de fluidité parfaite, puifque des pierres déjà
formées & d'une nature étrangère à eux, avec un poids bien fupérieur,
n'ont pas pu traverfer leur épaiffeur & font reftées dans le centre. Il penfera
que chaque banc eft le produit d'une opération différente & diftincte,
puifqu'ordinairement il ne reffemble exactement ni à celui qui le précède,
ni à celui qui le fuit; il verra que les coquilles, les madrepores ou autres
lithophites ne s'y trouvent ni dans leur intégrité, ni dans leur pofition
naturelle, mais le plus fouvent brifés, mais bouleverfés, qu'au lieu de fe
trouver placés entre les couches, ils font empârés dans leur intérieur, ce
qui prouve qu'ils n'ont point été pris fous ces dépôts, mais entraînés
avec eux. Il verra que des parties diftinctes de quelques animaux fe font
réunies enfemble dans quelques bancs, pendant que les corps repofent
dans des bancs très-diftans; telles font les pointes d'ourfins qui ne font
prefque jamais affociées à leur coque; tels font encore les nombreux
gloffopètres de Malte dont les mâchoires ne s'y rencontrent jamais. Il
remarquera auffi que les dépouilles des grands animaux font dans le
même défordre; les dents d'éléphans font raffemblées en grand nombre
dans quelques contrées, où les autres offemens font très-rares. Dans
l'immenfité des os de ce même animal coloffal que l'on trouve en
Sibérie, on ne voit point de fquelettes entiers; & dans ces os amoncelés
on ne pourroit pas même trouver toutes les parties néceffaires pour en
former un. Il connoîtra que la matière de quelques bancs a été en
quelque forte pêtrie, pour y incorporer des argiles & des chaux de fer,
qui forment les taches contournées de certains marbres, fubftances qui
fe feroient féparées & divifées en couches parallèles, fi elles avoient été
pendant quelques inftans livrées à l'action de leur pefanteur, dans un fluide
affez abondant pour leur permettre d'y céder. Il reconnoîtra enfin que les
couches fe font confolidées par le defféchement, puifque de nombreufes
fentes en prouvent le retrait, & fucceffivement de bas en haut, puifque
les couches fupérieures ont pu introduire les matières dont elles font
formées dans les fentes inférieures auxquelles les leurs ne correfpondent
pas.

En reportant fes regards fur la difpofition générale des matières de la
feconde époque, il remarquera que l'efpèce d'ordre qui s'étoit établi, a été
prefque par-tout attaquée, que fi dans quelques grands efpaces, les couches
ont confervé leur pofition originelle, dans beaucoup d'autres elles l'ont

perdue, & il verra de grandes folutions de continuité au milieu de couches qui évidemment ne formoient qu'un même plateau. En examinant les bancs dont aucun accident n'a changé la pofition, il verra qu'ordinairement ils font parfaitement horifontaux lorfqu'ils font éloignés des montagnes primitives, ou renfermés dans quelques efpaces, autour defquels elles faifoient une enceinte, mais que généralement les couches font inclinées & paroiffent s'appuyer contre les montagnes qu'elles environnent, fe relevant toujours dans la direction de leur centre. Dans celles de ces couches qui ont éprouvé un déplacement, il obfervera tous les accidens de rupture dont font fufceptibles des bancs folides qui font privés de leurs appuis. Les lits inférieurs, fouvent plus faciles à dégrader, ayant été emportés, les bancs fupérieurs ont dû fe rompre, s'affaiffer, faire des bafcules, gliffer à quelques diftances, fe féparer par des fentes tranfverfales, s'ouvrir par une chûte intermédiaire. Il remarquera donc que quelquefois les efcarpemens font oppofés entr'eux, ou les faces inclinées le font entr'elles, ou que les faces inclinées & les efcarpemens alternent, & il ne doutera point que ces différentes couches ne fuffent alors prefqu'auffi folides qu'à préfent, puifque dans ces différens accidens, elles fe font rompues plutôt que de plier. Il verra de grands plateaux horifontaux qui dominent beaucoup au-deffus de vaftes plaines, dont ils font féparés par de grands efcarpemens; des gorges de mille pieds de profondeur ou creufées dans des bancs de pierres dures, ou ouvertes par une féparation opérée par des fentes immenfes; des vallées de plufieurs lieues de largeur placées entre des efcarpemens dont les bancs fe correfpondent autant par leur nature que par leur pofition, & dont la capacité eft telle qu'il eft impoffible d'imaginer qu'il ait exifté des fleuves qui aient pu les remplir, & par conféquent les creufer; cependant il reconnoîtra le travail des eaux dans beaucoup d'angles qui fe correfpondent (1); mais voyant l'impuiffance des eaux fluviatiles pour produire de tels effets, il ne leur attribuera pas ce travail, & au lieu de dire que ce font les fleuves qui ont creufé les vallées, il conviendra que c'eft parce qu'il y a des vallées, que les eaux des fleuves fe réuniffent.

Il reconnoîtra encore qu'il a exifté anciennement un grand nombre de lacs, plufieurs d'une grande étendue; l'enceinte qui en renfermoit quelques-uns a été plus de moitié détruite, après que les eaux, qui en ont occupé pendant quelque tems les baffins, les eurent remplis en partie de cailloux roulés, de débris de toute efpèce, d'argille ou de gypfe. Les eaux de quelques autres fe font écoulées par des gorges très-

_____

(1) La correfpondance des angles n'exifte pas dans les vallées & dans les gorges fituées au milieu des grandes montagnes, mais toujours dans les grandes vallées des pays de collines.

profondes, fouvent de plufieurs lieues de longueur, ouvertes au milieu de rochers d'une extrême dureté, fans qu'on puiffe attribuer cette ex-cavation au feul travail des eaux qui en fortoient, lorfqu'on réfléchira qu'il exifte dans les hautes montagnes une infinité de lacs dont la très-foible barrière n'a pu encore être détruite par le paffage des eaux, qui y coulent depuis l'état actuel de nos continens.

Il verra des bancs de pierres calcaires repofant fur les tranches des bancs verticaux des montagnes primitives, & appliqués immédiatement fur toute efpèce de roches; il trouvera, dans des parties très-élevées de ces montagnes, des portions de couches calcaires coquillières qui y font ifolées, & qui paroiffent être les lambeaux d'une enveloppe qui les auroit totalement couvertes; ailleurs cette efpèce de manteau cal-caire eft beaucoup mieux confervé, & même il exifte prefque en entier dans quelques endroits; enfin il obfervera qu'il eft une élévation que les dépôts calcaires fecondaires n'ont jamais furmontée.

Il remarquera des montagnes calcaires ifolées qui ne font auffi en quelque forte que les réfidus de quelques grands plateaux à couches hori-fontales; elles forment des îles au milieu de la mer, ou des promon-toires à l'extrêmité d'une côte baffe où elles s'élèvent brufquement au milieu d'une plaine; celles qui ont des bancs horifontaux font entourées d'efcarpemens; l'inclinaifon de la furface & des bancs de quelques autres annonce une chûte. D'autres montagnes également ifolées font mi-partie calcaires & volcaniques, ou ont des couches produites par deux élémens contraires qui alternent entr'elles: ce qui les rend plus remar-quables encore, c'eft leur diftance fouvent très-grande des foyers ou centres volcaniques, avec lefquels elles n'ont confervé aucune relation. Quelques-unes de ces montagnes volcanico-marines font terminées par des plateaux horifontaux fur lefquels repofent des mines de charbons de terre.

Il verra des plaines immenfes couvertes de cailloux roulés dont l'origine ne peut fe préfumer qu'à de très-grandes diftances, quoiqu'ils aient confervé un très-gros volume. Ces cailloux formeront ailleurs de très-grandes collines, ou feront le couronnement de quelques montagnes ifolées. Il verra de très-gros blocs de rochers épars dans de vaftes plaines, ou accumulés de manière à former des montagnes ifolées; il trouvera enfin des maffes énormes de granites & de porphyre fur la fommité de quelques montagnes calcaires, quoiqu'entre elles & les montagnes primitives il y ait jufqu'à dix vallées très-profondes qui interceptent toute communication (1). Il verra encore que les vallées &

---

(1) A chaque phrafe que j'écris, il fe préfente à ma mémoire mille citations de lieux & de faits femblables aux circonftances dont je trace rapidement l'efquiffe, mille paffages des ouvrages des naturaliftes voyageurs qui confirment mes propres

les gorges font fouvent remplies de matières qui y font arrivées poſté-
rieurement à leur excavation , qui y font entrées par leurs embouchures ,
& qui n'ont aucun rapport avec les matériaux des montagnes qui forment
leur encaiſſement. Ces matières étrangères aux vallées qui les contiennent
y font également diſpoſées par couches horiſontales , dans leſquelles
ſe rencontrent les choſes les plus diſſemblables , telles que des coquilles
maritimes , des oſſemens d'éléphans , des cornes de cerfs & des têtes
de biſons, dont la race paroît perdue ; des bois du nord & des joncs
des Indes , &c. &c.

En même-tems que le naturaliſte raſſemblera des faits qui paroîtront
contradictoires entr'eux , il avancera dans la ſolution du problême de
la formation de nos continens , quoiqu'il paroiſſe le compliquer toujours
davantage ; car , lorſqu'il ſe ſera perſuadé que la cauſe de tout ce qu'il
voit n'eſt point dans l'ordre actuel des événemens , il ſera autoriſé à la
chercher dans un ordre différent. En acquérant la conviction de l'im-
poſſibilité où eſt la mer d'opérer , dans ſes circonſtances préſentes, rien de
ſemblable à ce qui exiſte ſur nos continens, il ne peut plus ſuppoſer qu'elle
y ait réſidé long-tems ; il doit imaginer des circonſtances plus puiſſantes
& capables de plus grands effets, où la mer doit cependant intervenir,
puiſqu'on a des preuves certaines de ſon concours. En reconnoiſſant les
effets d'une force immenſe, il doit la chercher dans les événemens qui
doivent la donner ou qui peuvent la mettre en action ; car il lui faut
un tel mouvement qu'il puiſſe ébranler la maſſe entière des eaux, afin
qu'elles ſe chargent & rapportent les matières qui repoſent dans le fond
de ſes baſſins. Il faut une action périodique qui pendant long-tems renouvelle les mêmes effets , une force telle qu'elle puiſſe vaincre les plus
grandes réſiſtances, & une alternative d'alluvions & de deſſéchemens
qui faſſe les dépôts & permette leur conſolidation.

De très-grandes marées peuvent ſeules produire de pareils effets , elles
ſeules peuvent remplir toutes les conditions ſingulières de ce problême
géologique. Je ne m'éleverai pas juſqu'aux cauſes qui ont pu les procurer , je laiſſerai aux aſtronomes-géomètres à déterminer par quelle
influence planétaire les eaux ont pu ſe ſoulever périodiquement, ſortir
de leurs baſſins, affluer ſur nos continens, s'y élever juſqu'à 800 toiſes
de hauteur & retourner bientôt après dans les lieux où la pente les
appelle. C'eſt à eux de nous dire s'ils peuvent imaginer quelques hypo-
thèſes dans leſquelles ces effets fuſſent poſſibles. Dans tous les ſyſtêmes
de Géologie on a toujours également beſoin de leur ſanction , & un
mouvement périodique dans la maſſe des eaux extrêmement ſupérieur
à celui de nos marées actuelles n'eſt pas plus extraordinaire que tous

obſervations. Mais en raſſemblant ces preuves juſtificatives j'excéderois les limites
que je me ſuis données pour l'étendue de ce Mémoire.

les autres événemens dont la fuppofition eft néceffaire pour le déplacement des mers qui auroient pendant des milliers de fiècles enfeveli nos continens. Jufqu'à ce qu'ils aient prononcé fur ces grandes queftions, je me bornerai à dire que, fi de telles marées avoient exifté, elles auroient pu produire tous les phénomènes dont l'explication par tout autre moyen me paroît impoffible. Ces marées n'ont dû commencer que long-tems après la grande cataftrophe qui a élevé les montagnes primitives; pendant cet intervalle de repos, tous les animaux propres à la mer s'y font multipliés prodigieufement à caufe de la grande énergie qu'avoit la nature dans les premiers tems de l'organifation de la matière; les plus grandes efpèces d'animaux terreftres ont peuplé des continens déjà .décorés de toutes les richeffes du règne végétal. Mais l'empire de l'homme n'avoit pas encore commencé, aucune trace de fon exiftence ne paroît jufqu'à ce que l'ordre préfent & des faifons & des marées fe foit établi. J'ai lieu de préfumer que ces grandes & extraordinaires marées ont eu un accroiffement progreffif, & qu'elles ont diminué de même; & je ne fuppoferois pas une bien grande antiquité à l'ordre actuel des chofes. Les faits hiftoriques font en cela d'accord avec ceux de la nature, & la race des hommes étoit fûrement bien récente il y a fix mille ans, à moins qu'elle ne fe fût alors renouvelée après une deftruction prefque entière.

Des marées de huit cents toifes, au tems de leur plus grand accroiffement, ont pu fuffire pour étendre fur la terre toutes les couches horifontales que nous y trouvons; elles les y déployoient de la même manière que les lames de la mer, gliffant fur une côte baffe, viennent porter quelquefois à plufieurs milles dans l'intérieur des terres les fables dont le flot s'eft chargé en commençant à fe mouvoir. Mais lorfque la vague trouvoit quelque obftacle à fon déploiement, lorfqu'elle rencontroit les montagnes qui exiftoient déjà, l'impulfion pouvoit la faire remonter très-haut (1) ; & , par l'impétuofité du choc, le jailliffement des eaux pouvoit porter jufqu'à deux mille toifes d'élévation les matières qu'elles contenoient. De telles marées agitoient les mers jufques dans le fond de leurs baffins, elles communiquoient leurs mouvemens à tous les corps qu'elles trouvoient mobiles; & les eaux, chargées de toutes les matières qu'une très-violente agitation pouvoit y tenir fufpendues,

---

(1) Les marées ordinaires ne devroient jamais élever les eaux à plus de cinq pieds; & telles font celles des mers libres, mais le giffement des côtes & le concours de quelques autres caufes les font monter dans quelques endroits au-delà de trente pieds.

En fuppofant que la lune fût de la même denfité que la terre, & eût des mers femblables, fes marées feroient de quatre cens cinquante pieds. La terre un peu plus rapprochée du foleil auroit des marées immenfes.

les charrioient avec elles en envahiſſant nos continens. Ces flots d'une
boue à peine fluide s'avançoient peſamment, & la moindre ceſſation dans
le mouvement ſuffiſoit pour les coaguler par une précipitation immédiate.
Les eaux commencèrent cependant à attaquer les couches horifontales &
régulières qu'elles avoient accumulées auſſi-tôt que les marées, arrivées à leur
plus grande élévation, durent, en ſe retirant, deſcendre des montagnes
qu'elles avoient couvertes en partie. La mer retournant précipitamment dans
ſes baſſins acquit une force immenſe par le poids de ſes eaux, dont la chûte à
travers les montagnes accéléroit le mouvement. Depuis lors chaque retraite
des eaux détruiſoit une portion du travail qu'elles avoient fait, & elles
entraînoient dans les baſſins de la mer des débris de toutes eſpèces qui
devoient bientôt revenir avec elles ſur nos continens. Mille circonſtances
dépendantes principalement des premières éminences du globe durent
modifier & la marche & la retraite des eaux, garantir une portion des
nouveaux dépôts pour livrer à leur ravage & à une entière deſtruction
les parties ſur leſquelles les flots devoient paſſer à leur retour. Un intervalle de quelques mois entre chaque marée pouvoit ſuffire pour deſſécher
les couches de manière à ce qu'elles fuſſent déjà conſolidées, lorſque
de nouveaux dépôts venoient les recouvrir. Je ne tracerai point le tableau
de tous les effets qu'ont pu produire les flux & reflux de pareilles marées;
il ſeroit ſemblable à celui que j'ai eſquiſſé en examinant l'état actuel
de nos continens.

Quelques animaux ont pu ſe ſouſtraire à ces déluges périodiques en
ſe refugiant ſur les plus hautes ſommités; mais toutes les autres productions de la terre ont dû être emportées dans la mer, pour revenir
enſuite avec des corps marins s'enſevelir dans les nouvelles couches.
Tous les corps, qui avoient une peſanteur preſque ſemblable, ont pu
ſe réunir & s'accumuler dans les mêmes lieux : telles ſont les parties des
animaux que l'agitation avoit disjointes; ainſi les dents ont pu arriver
enſemble dans quelques endroits, & les os plus légers être portés plus
loin (1); ainſi les débris des coquillages ont pu à eux ſeuls compoſer
de grandes couches; ainſi des milliers d'arbres arrêtés au pied des
montagnes ont pu y être enſevelis ſous des argiles ſur leſquelles ſont
venu s'établir d'autres couches calcaires. Chaque départ de la marée
produiſoit de nouvelles déchirures, ouvroit des gorges, démanteloit
des lacs, en formoit d'autres par l'obſtruction des paſſages, combloit
des vallées avec des matières que différens accidens faiſoient arriver
des contrées les plus lointaines, tranſportoit des blocs énormes, &

---

(1) Tous ces grands oſſemens ont pu être fracturés, mais quelles que ſoient les
diſtances que le flot leur ait fait parcourir, ils n'ont point pris de formes arrondies,
parce qu'ils n'ont pas été traînés ou roulés, mais ils ont été portés.

détruiſoit

détruifoit enfuite la route qu'ils avoient parcourue, renverfoit des couches, en emportoit d'autres, &c.

Je le répète : fans le poids de toute la maffe des eaux augmenté par l'accélération de leur chûte, je ne connois point de puiffances capables de creufer nos gorges, de tranfporter à de grandes diftances des maffes cent fois plus groffes encore que le rocher de Péterfbourg. Sans la marche d'une partie des eaux de l'Océan, je ne fais comment ouvrir nos vallées en faifant occuper leur capacité par des eaux courantes, ni comment ifoler des montagnes dont les bancs horifontaux annoncent des dépôts d'une grande extenfion. Enfin, fans des retours périodiques d'alluvions & de deffechemens, beaucoup de faits me paroiffent impoffibles à expliquer, entr'autres celui de la formation des mines de fel gemme & celui des volcans dont les productions font mêlées avec les dépôts de l'eau.

Ce n'eft que par l'évaporation de l'eau de la mer que le fel de ces mines a pu fe coaguler en grandes maffes, & cependant ce n'eft que la mer qui a pu les couvrir & les entremêler de couches calcaires co-quillières. Ces eaux falées ont dû néceffairement être contenues dans un baffin, & ce n'eft qu'aux déchirures produites par la retraite des eaux, qu'on peut attribuer une telle dégradation de tout ce qui les environnoit, une telle métamorphofe dans le terrein qu'elles occupoient, que maintenant elles font quelquefois placées à la fommité des montagnes (1).

Il eft impoffible que les torrens de laves faffent un grand trajet dans les eaux fans fe coaguler, & cependant nous voyons des courans ci-devant enflammés, de plus de douze lieues d'étendue, s'enfevelir fous des bancs calcaires; & la fucceffion de cinquante couches alter-nativement calcaires & volcaniques néceffite une fuite périodique de deffechemens & d'alluvions; il paroît même que la grande activité de ces anciens volcans dépendoit de cette circonftance; les eaux introduites fouvent dans leur foyer, fans les fubmerger entièrement, y augmentoient la fermentation, leurs laves encore brûlantes étoient faifies par le retour de la marée & éprouvoient le retrait régulier que caufe un refroidiffe-ment fubit.

Le développement de mes opinions, le recueil des faits qui pourroient les rendre encore plus probables, l'application des caufes que je fais agir à une infinité de circonftances de détail, exigeroient un ouvrage

_____

(1) Dans les mines de fel gemme ainfi que dans les carrières de gypfe, on trouve quelquefois des cailloux roulés des roches les plus étrangères aux montagnes qui les avoifinent, & des dépouilles d'animaux de toutes efpèces, terreftres & maritimes : des offemens d'éléphans ont été trouvés dans les mines de fel de Wichizka, en Galicie.

E

d'une grande étendue. J'ai cru cependant devoir me borner à faire ici l'exposition sommaire de mon système pour satisfaire quelques naturalistes qui, ayant voyagé avec moi dans les montagnes, m'ont montré de l'étonnement en m'entendant parler de la chûte des bancs, du déplacement des couches, du transport des argiles & des matières contenues dans les vallées, sans que je voulusse admettre l'hypothèse de ceux qui prétendent que la mer a résidé tranquillement & pendant une longue suite de siècles sur nos continens. Ils m'ont vu avec surprise rejetter l'intervention des eaux fluviatiles comme trop peu abondantes pour creuser nos vallées, & les courans de la mer comme trop débiles; ils ne concevoient pas sur-tout comment je refusois ma croyance à la nécessité de faire habiter nos continens & nos contrées par tous les animaux & les végétaux qui s'y trouvent ensevelis. Mais comme les faits valent mieux que les systêmes les plus séduisans, je renoncerai au mien aussi-tôt que quelques observations bien faites y feront directement contradictoires.

Toute matière s'attire réciproquement (1). Cette propriété, la plus importante qui ait été reconnue dans la matière, doit être la clef de toutes les sciences physiques; car lorsque l'astronome en calcule les

---

(1) M. de la Métherie à qui j'ai voué une sincère amitié due à ses qualités personnelles, pour qui j'ai depuis long-tems toute l'estime que méritent ses talens & ses connoissances, a fait dans le Journal du mois précédent quelques objections contre mon systême sur la formation des couches coquillières; il observe que nulle cause physique connue ne peut produire des marées semblables à celles que je suppose. Je lui répondrai que voyant des effets qui annoncent le fréquent retour de la mer sur nos continens, j'ai dit que si des marées excessivement hautes avoient existé, elles auroient pu produire de tels effets; j'ai dit que l'état présent de la terre que nous habitons ne peut être attribué à la mer séjournant autrefois sur nos continens avec la même tranquillité qui accompagne sa résidence dans ses bassins actuels, au fond desquels règne un calme aussi parfait que celui des profondeurs de la terre, où sûrement on ne ressent pas les agitations de sa surface. M. de la Métherie ne récusera pas une autorité qui me paroit d'un très-grand poids. L'auteur de l'ouvrage intitulé : *Principes de la Philosophie naturelle* , a dit avant moi, & répète encore avec moi, qu'*un grand nombre de faits ne permet pas de douter que la mer n'ait été plusieurs fois sur nos continens.* Or, cet ouvrage que j'ai lu avec un grand plaisir & un extrême intérêt à l'époque où il parut, & qui a beaucoup contribué à diriger plus particulièrement mes observations vers les phénomènes relatifs à l'histoire du globe; cet ouvrage qui renferme aussi des vérités morales & des principes politiques, & qui est d'autant plus remarquable, qu'il fut écrit dans un tems où il étoit dangereux de manifester sa pensée, de professer les maximes de la Philosophie, dans un tems où tous les grands hommes du moment étoient encore prosternés devant les idoles qu'avoient consacré la bassesse & les préjugés; cet ouvrage, dis-je, a M. de la Métherie lui-même pour auteur. Si donc il a jugé qu'il étoit nécessaire de supposer plusieurs invasions de la mer sur nos continens pour expliquer beaucoup de faits, je ne puis qu'avoir ajouté aux raisons qui l'ont déter-

loix dans les mouvemens des corps planétaires, le lithologifte en reconnoît les effets dans les qualités les plus effentielles des pierres,

---

miné à adopter cette idée, par mes confidérations fur les mines de fel gemme placées entre des bancs calcaires, fur les montagnes volcanico-marines, où les productions de l'eau alternent avec celles du fer, fur les matières étrangères venues de très-loin pour combler nos vallées calcaires, &c. &c. Si tous ces faits néceffitent le retour de la mer fur nos continens, il en eft une infinité d'autres qui exigent fon départ précipité. Je dirai de nouveau que ce n'eft qu'alors qu'el e a pu creufer d'immenfes profondeurs, qu'elle a pu faire parcourir des centaines de lieues à des maffes énormes; c'eft alors qu'elle a détruit la route qu'elle avoit fait fuivre à des blocs de granit qui repofent maintenant fur le fommet des montagnes ifolées, où ils paroiffent n'avoir pu parvenir qu'en vainquant les loix de la gravitation qui pour d'auffi groffes maffes font au-deffus de la puiffance des flots; je le répéterai encore, ce n'eft pas en prolongeant le féjour de la mer fur nos continens, qu'on augmentera fon influence fur la formation de nos couches. Ce n'eft pas en la faifant revenir par un mouvement fi lent qu'il eft infenfible, même dans une longue fuite de fiècles, qu'on lui donnera les moyens de fillonner, de déchirer, de détruire en grande partie fes précédens travaux. La nature demande au tems les moyens de réparer les défordres, mais elle reçoit du mouvement la puiffance de bouleverfer. Or, plus on éloigne la période des alluvions, plus on ralentit leur marche, moins on obtient les effets qu'on exige. Oui, *s'il n'eft pas permis de douter que la mer n'ait envahi plufieurs fois nos conti-nens*, il ne me paroît pas plus permis de douter que les fubmerfions fe font faites avec violence, fe font retirées avec précipitation, & que le tems qui a féparé chacune de ces alluvions n'ait été très-court, puifque les volcans dont elles font venues recouvrir les produits n'ont fait pendant leur intervalle qu'un petit nombre d'irruptions. J'infifterai fur l'impoffibilité de former dans un grand volume d'eau, où fe délayent les matières qui s'y précipitent, des couches de vingt pieds d'épaiffeur, fans qu'elles prennent entr'elles l'ordre, la difpofition que prefcrivent impérieufement les pefanteurs fpécifiques. Ce n'eft point dans le calme que fe forment les mélanges confus, & je foutiendrai toujours que le calme le plus parfait règne dans le fond des mers. Je répéterai...... Mais, non: je renverrai à mon Mémoire, en priant de pefer avec attention & impartialité les objections que je fais contre un préjugé, qui n'a acquis de force que par la réputation des favans qui l'ont établi, & qui ne peut réfifter que par l'habitude de fa domination. Je fupplierai fur-tout de ne point donner (pour me combattre) plus d'importance qu'ils n'en méritent, à quelques faits particuliers qui ont des caufes locales dont les effets font très-bornés. Je ne faurois, par exemple, admettre comme objection contre mon opinion fur la formation des couches de charbon de terre, ni comme preuve de la poffibilité de faire arriver dans les pro-fondeurs de l'Océan une forêt de fapins, le petit phénomène des feuilles qui après avoir nagé fur la furface de l'eau d'un bourbier, fe précipitent au fond, lorfque la longue macération a diffous leur fubftance extractive & les a réduites dans un état prefque terreux, ou lorfque le poids du limon qui les a recouvertes les a fait defcendre. Un arbre de fapin ou de cèdre pourra fe décompofer & fe détruire fur la furface des eaux de l'Océan, mais non pas vaincre la réfiftance d'une pefanteur fpécifique double de la fienne.

Sans prétendre donc nier abfolument le féjour de la mer fur nos continens, je ne vois pas la néceffité de l'admettre, puifque je ne conçois pas comment un pareil féjour auroit pu influer efficacement fur les accidens & fur les phénomènes que nous obfervons. Les eaux qui ne diffolvent pas ne peuvent agir que par un mouvement qui favoir, leur denfité, leur dureté & leur forme ; & fi, comme le dit M. de Fourcroy, *le principal but de la chimie eft de rechercher l'action des corps naturels les uns fur les autres, de connoître l'ordre de leur compofition, d'apprécier la force avec laquelle ils tendent à s'unir & reftent unis enfemble*, la litholcgie, pour fortir de l'efpèce de chaos où elle eft encore, doit appliquer ce même genre de recherches aux objets qui lui font particuliers; elle doit examiner l'action que les terres ont les unes fur les autres, l'ordre de leur compofition, l'état de leur combinaifon & leur tendance mutuelle. Je devrai donc rappeler quelques principes qui font la bafe des travaux du chimifte, comme ils doivent l'être des obfervations du lithologifte, & j'appliquerai fucceffivement à la réunion & à la combinaifon des terres, une partie des loix qui influent fur les combinaifons falines.

La dureté & la denfité étant les deux principaux caractères des pierres, il eft important de remarquer d'abord qu'elles doivent ces propriétés à cette tendance générale de tous les corps les uns vers les autres. Mais fi ceux d'une très-groffe maffe peuvent l'exercer à une grande diftance, les molécules qui les compofent & qui font d'une fubtilité qui échappe à nos fens, n'ont d'activité que dans une fphère proportionnée à leur volume, & ne peuvent agir par conféquent que dans les plus petites diftances poffibles ; alors les liens qui les enchaînent font d'autant plus forts que le rapprochement eft plus exact, & que les contacts ont lieu par un plus grand nombre de points. Quoique la compofition, la folidité & la forme des pierres ne foient que le réfultat de la même loi d'attraction, il eft important de ne pas confondre

---

eft refufé à celles qui occupent le fond des baffins de l'Océan. Je défendrai également une autre vérité qui me paroit auffi inconteftable, fur laquelle j'ai été éclairé par les ouvrages de M. de Luc, & dont il me femble voir la preuve dans toutes les pages de l'hiftoire des hommes, & dans celles où font confignés les faits de la nature. Je dirai donc avec M. de Luc: *L'état actuel de nos continens n'eft pas ancien*, je penferai avec ui qu'il n'y a pas long-tems qu'ils ont été donnés ou *rendus* ainfi modifiés à l'empire de l'homme. Cette vérité n'auroit peut-être pas été auffi vivement attaquée, auffi fortement combattue, fi elle n'eût pas eu des relations avec des opinions religieufes qu'on vouloit détruire, & qui pouvoient être abfurdes fans nuire à cette vérité géologique. On croyoit faire un acte de courage & fe montrer exempt de préjugés en augmentant par une efpèce d'enchère le nombre des fiècles qui fe font écoulés depuis que nos continens font accordés à notre induftrie. Sans craindre de me livrer au ridicule, fans redouter l'efpèce de défaveur qu'encourent maintenant ceux qui ne s'abandonnent pas aux exagérations & aux écarts de l'imagination, je pourrai publier dans quelque tems un ouvrage dans lequel je réunirai les monumens hiftoriques aux obfervations géologiques pour démontrer qu'en admettant dix mille ans d'ancienneté pour le moment où la terre eft devenue ou *redevenue* habitable, on exagère peut-être encore. Mais je dirai auffi qu'il n'y a point de mefure pour le tems dans les époques antérieures, & que l'imagination peut y prodiguer les milliers de fiècles avec autant de facilité que les minutes.

des effets qui font modifiés par plufieurs caufes, & il me paroît effentiel de bien diftinguer le genre d'action que les molécules exercent en-tr'elles dans différentes circonftances.

Les molécules qui par leur adhérence entr'elles conftituent les pierres peuvent être ou fimples, ou compofées; fes unes & les autres peuvent être ou femblables, ou diffemblables. La réunion des molécules femblables, qu'elles foient fimples ou compofées, fe nomme *agrégation*; & j'appellerai *mélange* le concours des molécules d'efpèces différentes qui n'ont entr'elles que la feule adhérence qui naît du fimple contact, & *adhéfion*, la force qui les unit.

C'eft à la lithologie principalement que l'on peut appliquer la maxime de M. Macquer lorfqu'il dit *que les propriétés du corps agrégé dependent autant & peut-être beaucoup plus de la manière dont les particules intégrantes font jointes les unes aux autres dans l'agrégation, que des propriétés effentielles de ces mêmes particules.* Je dois donc examiner plus particulièrement les loix & les modifications de l'agrégation & de l'adhéfion, & remarquer attentivement les différentes conditions & circonftances qui contribuent à la dureté & à la folidité des corps terreftres.

Je diftinguerai d'abord trois efpèces d'agrégations; 1°. l'agrégation parfaite, qui eft celle où les molécules intégrantes ont eu la faculté de prendre la pofition exacte qui convient le mieux à leur forme; alors la pierre poffède le tiffu intérieur, la forme extérieure, la dureté, la denfité & les autres propriétés qui lui font particulières: tel eft le fpath calcaire rhomboïdal tranfparent; 2°. l'agrégation défectueufe ou in-complette, dans laquelle les molécules trop précipitamment raffemblées n'ont pas toujours pris exactement leurs places d'élection: tel eft le marbre blanc ftatuaire, ou le fpath calcaire rayonné; 3°. l'agrégation confufe, où les molécules réunies fans avoir eu ni la mobilité ni le tems, ni l'efpace néceffaire pour adopter un certain ordre, fe font ac-crochées par tous les points qui fe font préfentés au contact; alors la maffe qu'elles forment ne donne aucune indice de criftallifation; ainfi font les pierres calcaires ordinaires. L'agrégation confufe doit elle même fe fubdivifer en quatre modifications différentes; les molécules agrégées peuvent paroître fubtiles on groffières; le tiffu en eft ou lâche ou ferré. Beaucoup de pierres calcaires ont le grain tellement fin qu'il eft imperceptible; d'autres l'ont très-gros & reffemblent aux grès. Quel-ques pierres calcaires doivent à un tiffu très-ferré la faculé de faire feu avec le briquet; d'autres, comme la craie de Champagne, ont une agrégation fi lâche qu'elle céde au moindre effort, & que fous un volume égal elles renferment moitié moins de matières que les autres. Ces exemples pris dans le feul genre calcaire font applicables aux pierres de tous les autres genres.

La tendance à l'union, qu'ont les molécules femblables a fait nommer affinité d'agrégation, la force qui les attache les unes aux autres, parce qu'elle paroît les attirer avec une certaine prédilection. Quelque active qu'elle foit dans certaines circonftances, on ne peut pas cependant la déterminer à agir en entaffant & même en comprimant enfemble des matières pulvérulentes. Un rapprochement pareil, quelqu'exact qu'il nous paroiffe, eft bien loin encore de placer les molécules à la proximité qui convient à leur petite fphère d'activité; d'autant que ces particules terreufes qui nous paroiffent très-divifées, n'approchent pas encore de ce degré de fubtilité néceffaire pour céder à une force qui ne peut influer que fur des molécules très-mobiles, & lorfque leur pefanteur eft devenue prefque nulle par le moyen d'un fluide où elles nagent. Car les grains d'une terre qui nous paroiffent impalpables après différentes opérations contufoires, comparés aux molécules intégrantes des corps, peuvent encore être confidérés comme de petites maffes de formes irrégulières, qui fe refufent au contact intime.

La cohéfion entre molécules femblables, lorfqu'elle agit avec toute l'énergie qui convient à une agrégation parfaite, a communément plus de force que l'adhéfion des mélanges, c'eft-à-dire, que préfentant plus de réfiftance à la féparation, les corps agrégés font ordinairement plus durs & plus folides que les mélanges; & dans ce moment ce fera feulement fous le rapport de la dureté qui en eft le réfultat, que je confidérerai les forces de l'affinité d'agrégation dans les différens agrégés, & que je les comparerai à celles qui appartiennent à l'adhéfion dans les mélanges.

La dureté des agrégations parfaites dépend fûrement de la forme particulière & effentielle aux molécules intégrantes des différentes fubftances, car elle eft indépendante de leur maffe ou de leur denfité. Les molécules qui ont le plus de tendance ou d'aptitude à un ordre conftant, devroient toujours s'unir par les liens les plus forts & produire les pierres les plus dures dans le cas qu'elles euffent leurs faces exactement planées, circonftance qui a été négligée, mais qui eft très-effentielle à obferver; car fi l'on connoiffoit parfaitement leur forme fous ce rapport, comme on connoît le nombre de ces faces & des angles, on pourroit déterminer tous les points de contact que peut donner leur rapprochement, & on arriveroit alors à établir par le calcul la majeure dureté à laquelle pourroit parvenir chaque efpèce de pierres, lorfqu'elles auroient l'agrégation la plus parfaite. Mais en attendant que l'abbé Haüy, qui a appliqué fi ingénieufement la géométrie à la lithologie, l'ait dirigée plus particulièrement vers cet objet qui me paroît mériter d'être pris en confidération; avant qu'il ait ainfi fuppléé à des expériences directes qui me paroîtroient impoffibles, fi femblables à celles qui ont été faites pour la ductilité des métaux, on tendoit à repréfenter par des poids le degré de réfiſtance abfolue qu'oppoſe la force d'agrégation à la féparation des molécules, nous ne pouvons juger cette force d'agrégation qu'en comparant la dureté relative des différens agrégés.

Quelques auteurs ont tenté de faire une table pour exprimer la dureté relative des différentes pierres entr'elles, mais ils n'ont pas eu comme moi, pour objet de comparer dans certains cas, la force de l'affinité d'agrégation avec celle des affinités de compofition, & de déterminer les circonſtances où l'énergie de la première oppoſe le plus de réfiſtance aux effets de la feconde. Leur méthode a été plus ou moins défectueuſe; d'ailleurs tous les problêmes de la lithologie ont des données fi incertaines, ils s'entrecroiſent tellement, que la folution de chacun d'eux tient à celle de tous, & aucun ne peut être expliqué ifolément & fervir enfuite de baſe pour réfoudre les autres. Je me bornerai donc maintenant à établir une eſpèce d'ordre comparatif pour la force d'agrégation qui appartient à chacune des cinq terres élémentaires.

Terre quartzeuſe; terre argilleuſe; terre ferrugineuſe; terre calcaire, & terre muriatique.

Le criſtal de roche & tous les quartz doivent leur dureté fupérieure à celle de toutes les autres pierres fimples à la très-grande force d'agrégation qu'exercent entr'elles les molécules quartzeuſes, laquelle furpaſſe dans beaucoup de cas celle de fes affinités chimiques, de manière que la terre quartzeuſe tend toujours à s'épurer & à fe criftallifer en fe féparant des matières qui gênent la réunion exacte de fes molécules, & en expulfant de l'agrégation les fubftances qui y font étrangères.

La terre argilleuſe que je place au fecond rang, paroîtroit prefque entièrement privée de toute force d'agrégation, fi nous la confidérions dans l'état où elle fe trouve naturellement, puifque jamais nous ne lui voyons former un corps folide, puifque fes parties extrêmement fubtiles ne tendent point à fe réunir dans un ordre régulier quelconque, puifqu'elle perd par le fimple deſſéchement cette eſpèce de viſcofité & de ténacité dont elle jouit lorfqu'elle eſt humectée, & que la foible cohérence qu'elle conferve peut être rompue par le moindre choc. Mais cette réfiſtance à l'agrégation ne vient que de fa grande tendance à s'unir à l'eau, & de la force avec laquelle elle y adhère, qui égale ou furpaſſe celle de l'agrégation; ou plutôt même l'eau s'intromettant entre les molécules argilleuſes & y contractant une adhérence, telle qu'elle peut réfiſter à un degré de chaleur fupérieur à celle de l'ébullition, fans fe diffiper, les place hors de la ſphère d'activité les unes des autres. Mais lorfque le feu, capable de faire rougir l'argile, diffipe cette dernière portion d'eau qui augmentoit fon volume, l'agrégation à laquelle elle s'étoit refusée jusqu'alors s'opère facilement; quoique confuse elle produit une dureté qui approche de celle du cristal de roche, & elle résiste à son tour au retour de l'eau qui ne peut plus adhérer à la terre argilleuse, ni se combiner de nouveau avec ses molécules, sans vaincre l'énergie de leur cohésion. Voilà pourquoi les argiles bien cuites, quoique mises en poudre presque impalpable, refusent de reprendre leur ductilité; les opérations méchaniques n'arrivant pas jusqu'à rompre l'agrégation des dernières molécules. C'est ce qui a donné lieu à l'erreur de ceux qui ont cru que le feu changeoit la nature de l'argile, & la privoit pour toujours de ses propriétés essentielles. Mais l'art par des combinaisons chimiques & la nature par un travail lent, isolant de nouveau les molécules élémentaires, leur rendent leur tendance à s'unir à l'eau & leur restituent toute leur viscosité.

La terre ferrugineuse nous montre une force d'agrégation assez grande (quoique inférieure à celle des deux premières,) dans les différentes mines où elle est à-peu-près pure, telles que les hématites & les mines de fer dites limoneuses. Mais il est cependant à remarquer que pour la terre ferrugineuse la cohésion entre molécules semblables est plus foible que son adhérence dans certains mélanges; & elle donne souvent plus de dureté & de solidité aux masses où elle est simplement mélangée, qu'elle ne peut en acquérir elle-même lorsqu'elle est pure; singularité qui n'appartient qu'à elle.

Je puis dire que la terre calcaire (aérée, telle que la nature nous la présente toujours) a une grande affinité d'agrégation sans qu'elle puisse cependant l'exercer avec beaucoup d'énergie lorsque ses molécules sont rapprochées autant qu'il leur est possible. Car facilement elles prennent entr'elles un ordre régulier; mais elles ne se lient pas par une forte cohésion, & elles résistent foiblement à leur séparation. Le spath calcaire acquiert peu de dureté; quoiqu'il prenne aisément les formes les plus régulières. Je puis donc supposer que ses molécules ont essentiellement la figure la plus convenable à un arrangement symmétrique, sans avoir des surfaces exactement planes, qu'elles peuvent se disposer régulièrement sans se toucher par un grand nombre de points, & elles nous présentent quelquefois la singularité d'acquérir plus de dureté & de densité dans une agrégation confuse que dans la régulière; car nous ayons des albâtres orientaux, à pâte & grains très-fins qui étincellent vivement sous l'instrument d'acier qui les taille, qui pésent plus que le spath calcaire rhomboïdal, quoiqu'ils soient aussi purs que lui & exempts de tout mélange de quartz.

La terre muriatique ou de magnésie peut être considérée comme à-peu-près privée de la force d'agrégation, car nous ne lui voyons jamais former aucune masse solide, jamais elle ne se sépare des terres avec lesquelles elle est simplement mélangée; ses molécules paroissent se refuser à
toute

toute réunion entr'elles ; elle reffemble à cet égard à l'argile. Elle doit fûrement comme elle, l'apparence onctueufe ou favoneufe qui la caractérife & qu'elle tranfmet aux mélanges & aux combinaifons où elle intervient en certaine quantité, à l'air & à l'eau qui font naturellement affociés ou combinés avec elle ; car lorfqu'elle eft fortement chauffée, elle devient aride, prend du retrait & forme une maffe affez dure.

La force de l'agrégation des molécules compofées varie autant que leur compofition. Il feroit par conféquent difficile d'en exprimer toutes les diffemblances, & de les affujettir à quelques régles générales. Si je ne confidérois que les gemmes, dont la dureté furpaffe beaucoup celle de toutes les autres pierres fimples, je croirois pouvoir dire que les molécules compofées ayant néceffairement un plus gros volume que les molécules élémentaires, doivent fe toucher par un plus grand nombre de points & par conféquent fe lier davantage ; mais en réfléchiffant qu'il y a beaucoup de pierres compofées qui n'arrivent pas à la dureté du quartz, j'éloigne une idée générale qui ne pourroit être exacte, qu'autant qu'il n'y auroit aucunes caufes qui nuififfent à l'effet que devroit produire cette augmentation de volume. Je me confirmerai dans l'opinion que ce n'eft ni au volume ni à la denfité des molécules intégrantes, qu'il faut attribuer toute la force de leur agrégation, car je pourrois augmenter l'une & l'autre en leur confervant la figure fphéroïde, fans qu'elles puffent jamais fe toucher par plus d'un point. Les molécules globulaires feront donc toujours foiblement liées enfemble : ce n'eft qu'en fe comprimant mutuellement, ce n'eft qu'en acquérant des faces, qu'elles accroîtront la force de leur union en même tems que la facilité de leur contact. Je conviendrai avec les criftallographes de la néceffité d'admettre des figures conftantes pour les molécules intégrantes, puifque leur affemblage régulier donne toujours des réfultats analogues à ces formes élémentaires. Mais j'ajouterai que fi le nombre de leurs faces détermine leur criftallifation, c'eft la rectitude de ces mêmes faces qui contribue à leur dureté, que leur agrégation eft d'autant plus folide que leurs faces font plus planes, & je montrerai que ce genre de perfection tient à la perfection de la compofition & de la combinaifon, en difant qu'elles font les compofitions que je confidère comme les plus parfaites, & en prouvant que fous ces rapports, autant que fous celui de la dureté, les gemmes furpaffent les autres pierres.

Je parlerai maintenant de l'autre caufe de la dureté des pierres, c'eft la force d'adhérence entre matières différentes ; & fans prendre encore en confidération le nombre des fubftances diffemblables qui s'uniffent par un fimple mêlange, & leur proportion entr'elles, je diftinguerai plufieurs circonftances qui contribuent à la force de cette union.

F.

Les matières mélangées peuvent être ou en particules impalpables,
telles celles de la chaux de fer qui mêlangées avec la terre calcaire
conftituent & colorent les marbres, telles font les molécules d'argile
& de calcaire dans le lithomarga, &c., ou en parties groffières de
différent volume, depuis celui des grains quartzeux unis au calcaire
dans les grès des pavés de Paris, jufqu'aux gros grains de quartz
dans les granites d'Egypte. Le mélange peut enfuite être confidéré
comme *parfait*, lorfque les matières font également répandues & dif-
tribuées dans toute la maffe; ainfi l'eft la terre ferrugineufe dans un
bloc de marbre jaune de couleur uniforme; le mélange eft *imparfait*
lorfque dans quelques parties de la maffe, une des fubftances compofantes y eft raffemblée en grande quantité pendant qu'elle eft rare
dans les autres; ainfi eft le mêlange de l'argile & du calcaire dans
le marbre de Campan; ainfi eft le mêlange du mica avec le calcaire
dans le marbre antique, dit cipolin; ainfi eft encore le mêlange de
la ferpentine & du calcaire dans le marbre verd antique ou dans la
pierre dite *polfevera* des côtes de Genes.

Non feulement la folidité d'un corps mêlangé eft relative à toutes
ces différentes circonftances & à une infinité d'autres qui font varier
le mode des contacts, mais elle eft encore effentiellement dépendante
de la force intrinfeque de l'adhéfion, laquelle n'eft pas la même
entre les différentes matières. Nous devons à des favans diftingués
(M.M. de Morveau & Achard) des expériences très-ingénieufes &
très-bien faites fur cette force d'adhéfion entre les corps folides & les
fluides; ils ont obfervé qu'elle avoit une très-grande correfpondance
avec les affinités chimiques, & ils ont pu mefurer la réfiftance qu'elle
oppofoit à la défunion de ces corps mis en contact. Malheureufement
les mêmes expériences ne peuvent pas s'appliquer à l'adhérence des
folides entr'eux, à caufe de la difficulté d'établir des contacts uni-
formes; ce ne feroit donc qu'en comparant enfemble la folidité des
différens mêlanges qu'on pourroit parvenir à connoître les fubftances qui
s'uniffent entr'elles avec le plus d'énergie, ou qui s'aglutinent les unes
aux autres avec le plus de puiffance. Mais j'ai déjà obfervé qu'il y a
un fi grand nombre de circonftances qui influent fur la folidité des
corps mêlangés, qu'on doit toujours craindre d'être induit à erreur, &
d'attribuer à une caufe des effets qui dépendent de toute autre. C'eft
donc fans prétendre à aucune exactitude, mais feulement afin de
fixer plus particulièrement l'attention des naturaliftes fur une des
propriétés de la matière qui contribue effentiellement à la dureté des
pierres, que j'indiquerai un ordre de rapports d'après lequel il me
femble que les terres élémentaires exercent les unes fur les autres leur
force d'adhéfion ou d'aglutination, toujours en fuppofant les circonftances les plus favorables à fes effets.

Terre quartzeufe. Terre argilleufe. Terre ferrugineufe. Terre muriatique. Terre calcaire.
Terre ferrugineufe. Terre ferrugineufe. Terre quartzeufe. Terre quartzeufe. Terre ferrugineufe.
Terre calcaire. Terre quartzeufe. Terre argilleufe. Terre calcaire. Terre quartzeufe.
Terre argilleufe. Terre calcaire. Terre calcaire. Terre argilleufe. Terre argilleufe.
Terre muriatique. Terre muriatique. Terre muriatique. Terre ferrugineufe. Terre muriatique.

La force de l'adhéfion du quartz fur les chaux de fer, ou le pouvoir aglutinatif du fer fur les pierres quartzeufes, a été obfervé depuis long-tenis. Les corps mêlangés de ces deux matières peuvent acquérir une grande dureté ; mais la force de leur adhéfion eft fûrement augmentée par l'efpèce de corrofion que le fer en paffant à l'état de chaux, fait éprouver aux pierres quartzeufes, ainfi que je l'ai déjà dit, & ainfi que l'indiquent les experiences de M. *Gadd* (Mémoires de Suede, année 1790,) par lefquelles il prouve que les chaux de fer déphlo-giftiquées ne forment plus avec les fables quartzeux que des concré-tions fans liaifons.

La terre quartzeufe adhère auffi très-fortement avec la pierre calcaire, & cette propriété a déterminé la pratique qui fait introduire les fables quartzeux dans la chaux vive pour faire le mortier; mais il femble qu'encore ici la corrofion contribue à cet effet; & une concrétion de chaux aérée qui enveloppe des grains de quartz, ne s'attache à eux que par une foible adhérence.

L'adhérence du quartz avec l'argile pure eft foible, elle fe renforce par la cuiffon, c'eft-à-dire par la diffipation de la dernière portion d'humidité que l'argile retient naturellement ; elle eft plus foible en-core avec la terre de magnéfie. Cependant ces deux terres font toujours mêlées avec une quantité de terre quartzeufe au moins égale à la leur. Mais ce n'eft point leur adhérence avec elle, qui rend leur fépa-ration difficile par les lavages & autres opérations méchaniques, mais l'extrême ténuité de leurs molécules qui leur donne une gravité prefque femblable.

La très-forte adhérence de l'argile avec les chaux de fer peut fe confondre avec la combinaifon, car la réunion fi fréquente de ces deux terres, foit en maffes folides comme dans les mines de fer li-moneufes, foit qu'elles reftent friables ou ductiles comme dans les glaifes, doit être plutôt confidérée comme le commencement d'une combinaifon chimique, que comme un fimple mélange ; mais la force aglutinative de l'argile eft tellement augmentée par l'intervention d'une quantité un peu confidérable de terre ferrugineufe, qu'elles forment enfemble le ciment ou la bafe de plufieurs efpeces de pierres très-folides, telles que la plupart des brèches.

L'adhérence de l'argile avec la terre calcaire eft toujours foible, ainfi que nous le voyons dans les pierres marneufes, mais elle eft cependant fupérieure à celle que l'argile pure contracte avec le quartz & la terre muriatique.

La terre ferrugineufe eft le principal ciment qu'emploie la nature ; elle s'agglutine fortement avec les autres terres dans l'ordre où elles font placées fous elles. La terre muriatique n'a qu'une adhérence très-foible avec elles toutes ; il paroît que fon onctuofité naturelle y met obftacle , mais la terre calcaire s'attache très-fortement aux chaux de fer, fur-tout lorfqu'elles font très-aérées ; & les cimens les plus folides que l'art produit font dus à leur mêlange ; fon adhérence avec les autres terres eft dans l'ordre où elles font placées.

Je pourrois faire un grand nombre de remarques fur l'adhérence que les molécules compofées de différentes efpèces contractent, foit entr'elles, foit avec les terres élémentaires ; mais les détails en feroient longs & faftidieux , & peut-être ne me fuis-je déjà que trop étendu dans ceux qui précèdent. Je me bornerai donc à dire qu'une molécule fimple adhère d'autant plus fortement avec une compofée , que dans celle-ci il y a plus de parties qui lui reffemblent. L'adhérence entre molécules compofées fe rapproche ainfi de l'agrégation , c'eft-à-dire, que le quartz fe liè davantage avec le feld-fpath qu'avec le fchorl , parce que dans le premier il y a plus de terre filicée , & c'eft ce qui produit l'extrême folidité des granits d'Egypte. Le fchorl fera mieux enchaîné dans le trapp que dans la roche de corne , & en général la maffe d'une roche compofée fera toujours d'autant plus folide que les corps qui y font mêlangés ont entr'eux plus de rapport de compofition.

En difant qu'il eft effentiel de bien diftinguer l'adhéfion des ma- tières réunies par le feul mêlange de la force d'agrégation, qui agit fur des molécules femblables, je ferai remarquer que les mêlanges ne détruifent pas toujours l'agrégation , laquelle a fouvent affez de force pour vaincre la gêne & la réfiftance que lui oppofent les ma- tières étrangères. Quelquefois l'affinité d'agrégation parvient à écarter & à expulfer en quelque manière des corps qu'elle produit les molé- cules de nature différente qui font préfentes à fon action, & c'eft ainfi que des criftaux de quartz d'une pureté & d'une figure parfaite fe forment dans des couches d'argile , ou dans le gypfe, fans en ad- mettre dans leur intérieur. Plus fouvent encore ces matières étrangères reftent dans la maffe même en grande quantité, même en groffes parties, fans nuire fenfiblement aux effets de l'agrégation regulière qui les force de participer aux formes qu'elle prefcrit, & qui les y tient enveloppées. Le quartz dans l'hyacinthe de Compoftelle contient une grande quantité de chaux de fer, qui ne l'a point empêché de prendre exactement la figure qui lui eft particulière. La groffeur & la quantité des grains de quartz mêlés à la pâte calcaire dans les grès de Fon- tainebleau où ils font les $\frac{3}{4}$ de la maffe, ne s'oppofent pas à l'arrangement régulier des molécules calcaires avec lesquelles ils font entraînés à former des rhombes parfaits. D'ailleurs c'est ordinairement à la force de l'agrégation confuse, plutôt qu'à celle de l'adhérence, qu'appartient la solidité des pierres mélangées. Dans la plupart il y a une des substances, (laquelle n'est pas même toujours la plus abondante,) qui sert de pâte commune, enveloppe toutes les autres, & les retient comme entre des réseaux, sans que l'adhérence ait beaucoup de part à la solidité de la pierre mélangée.

Je n'ai encore considéré l'attraction que sous deux de ses modifications, celles par lesquelles elle lie ensemble les molécules intégrantes des solides, pour en former des masses plus ou moins volumineuses. Dans ces deux circonstances de la cohésion & de l'adhésion, la force peut être vaincue, & les effets détruits par des opérations contusoires. Il me reste à parler d'une force qui compose les molécules elles-mêmes, qui leur est en quelque forte plus intime, plus intrinsèque, qui résiste à tous les efforts méchaniques, à toutes les triturations, & qui ne cède qu'à une force de la même espèce lorsqu'elle se trouve plus puissante. C'est le genre d'attraction qui appelle à une combinaison intime des substances différentes, c'est la tendance à l'union, qui rassemble des molécules dissemblables ou simples ou déjà composées, & en nombre plus ou moins grand, pour former d'autres molécules qui ont d'autres figures & d'autres propriétés. Les chimistes la nomment affinité de composition ; je l'appellerai affinité de *combinaison*, cette expression me paroissant plus précise & me faisant éviter la confusion qui pourroit naître en parlant de la composition des pierres, dans lesquelles il peut entrer des substances qui n'y font que mélangées. Il n'y aura donc point d'équivoque lorsque je dirai, par exemple, que dans la composition du jaspe rouge, dit *sinople*, il y a de la terre quartzeuse & de la terre ferrugineuse, mais que ces deux substances n'y font pas combinées, pendant que la terre quartzeuse & l'argile qui composent les chalcédoines demi-transparentes font dans un état de combinaison. Je croirai m'exprimer clairement lorsque je dirai que l'affinité de combinaison & l'affinité d'agrégation ont concouru simultanément à la formation des cristaux de feld spath, en les extrayant du milieu d'une pâte de trapp ou de pétro-silex dans laquelle les matières qui les constituent, étoient dissoutes ou dispersées, & avec laquelle ils restent mélangés pour composer ensemble certains porphyres.

L'affinité de combinaison est le grand moyen, ou le grand instrument de toutes les opérations de la nature & de l'art, *instrument de synthése comme d'analyse*, ainsi que le dit très-bien M. Guiton de Morveau, *car la nature n'a pas de force pour séparer & pour éloigner, elle n'en a que pour rapprocher & unir*. Aussi pour faire une analyse, comme pour produire de nouveaux composés, le chimiste ne cherche pas une substance qui repousse l'autre ; il n'en trouveroit pas ; mais il tire avantage de cette propriété, qui établit des prédilections entre différentes substances, il en choisit une qui puisse s'emparer d'une des matières qui concourent à la formation d'un corps, sans avoir la même aptitude à se combiner avec les autres ; & il imite la nature, livrée à elle-même, qui ne compose le plus souvent que par des décompositions. Ainsi lorsque les vapeurs sulfureuses des volcans décomposent les pierres silicées en s'emparant de l'argile avec laquelle elles ont une grande affinité, elles rompent simultanément la combinaison des molécules intégrantes & leur agrégation ; l'eau dissout & entraîne l'alun qui s'est formé, & les molécules quartzeuses qui restent isolées peuvent exercer entr'elles la force d'agrégation, lorsque la mobilité qui appartient à leur extrême subtilité est mise en action par quelque véhicule. C'est encore ainsi que l'eau, qui s'infiltre à travers une masse pierreuse, qu'elle décompose insensiblement, en extrait par prédilection les molécules soit simples, soit composées avec lesquelles elle s'unit plus facilement & vient former dans ses fentes ou dans ses cavités des cristaux de différentes espèces.

Il y a sûrement de très-grands rapports, mais il y a aussi des dissemblances très-remarquables entre les travaux de la nature, opérant librement dans le tems qu'elle a à son entière disposition, mais qui est le plus souvent gênée par l'espace, & les opérations du chimiste qui peut préparer les espaces, mais qui est forcé d'être économe du tems. Les produits naturels doivent à ces circonstances différentes un caractère de solidité que n'ont point ceux de l'art. La plupart des sels sont le résultat du travail de l'homme qui n'agit encore, il est vrai, que comme un ministre de la nature ; mais presque toutes les pierres appartiennent à la nature aidée seulement par le tems. L'artiste trouve dans les substances salines une telle tendance à la combinaison, qu'il peut la mettre en action aussi-tôt qu'il le veut ; il peut la faire opérer instantanément sous ses yeux avec une activité qu'il doit souvent modérer & qui n'est point ralentie par la résistance d'une agrégation toujours extrêmement foible dans les sels. Les substances terreuses qui tendent à s'allier n'agissent point les unes sur les autres avec une semblable énergie ; leur affinité de combinaison est plus foible, elle exige des rapprochemens plus parfaits ; & en même tems elle déploie une plus grande force d'agrégation, dont la résistance est encore un obstacle à la combinaison. D'ailleurs, l'union facile des substances salines avec l'eau, que l'on nomme solution, leur donne une des conditions nécessaires pour les combinaisons, selon l'axiome *corpora non agunt nisi sint soluta*, traduit & commenté par la phrase suivante de M. de Morveau, *il n'y a point d'union chimique, si l'un des corps n'eſt aſſez fluide pour que ſes molécules obéiſſent à l'affinité qui les porte à la proximité du contact.* Les ſels trouvent donc dans l'eau qui rompt leur agrégation & qui iſole chaque molécule intégrante, un véhicule par lequel les différentes ſubſtances peuvent ſe rapprocher, ſe chercher, choiſir les combinaiſons qui leur conviennent le mieux, abandonner celles déjà faites pour en contracter de nouvelles, & enfin ſe réunir en différens nombres pour former ſimultanément ou ſucceſſivement des triples ou des quadruples alliances. Nous avons déjà dit que l'eau ſi favorable aux combinaiſons ſalines n'a au contraire qu'un effet très-foible ſur la plupart des terres, ce qui nous a fait préſumer la diſſipation d'une ſubſtance laquelle a pu autrefois faciliter les nombreuſes combinaiſons qui nous ſont reſtées dans les monumens des premières époques de notre globe.

En multipliant & variant les expériences, les chimiſtes ont pu parvenir à exprimer aſſez préciſément avec des nombres la puiſſance des différentes affinités ſalines, pour concevoir & expliquer les échanges & les réunions d'élection par leſquelles s'opèrent dans différentes circonſtances les nouvelles combinaiſons ; & les connoiſſances qu'ils ont acquiſes à cet égard dirigent & facilitent leurs manipulations. Les uns ont meſuré le tems ou la durée des diſſolutions comme devant indiquer l'intenſité de cette puiſſance, les autres ont cherché à la déterminer par la réſiſtance à la ſéparation ; mais la méthode des uns & des autres n'eſt point convenable à la lithologie ; car comment pourrions-nous appliquer de pareils calculs & de ſemblables obſervations à des combinaiſons que l'art ne peut point atteindre ; nous qui ne ſommes point admis dans le ſecret des opérations minéralogiques, quoique le laboratoire chimique de la nature ſoit en tous lieux ; nous qui ne la voyons point travailler, quoiqu'elle ſoit ſans ceſſe en action ; nous à qui elle paroît dans l'inertie lorſqu'elle ſe hâte le plus ? C'eſt ainſi que l'homme, qui ne conſidéreroit que pendant quelques heures deux cadrans dont l'un marqueroit les ſiècles & l'autre des milliers de ſiècles, les croiroit tous deux également & abſolument ſtationaires. La durée même des vies les plus longues ne laiſſeroit appercevoir aucune progreſſion ſenſible dans la marche de l'aiguille du ſecond cadran, laquelle fera peut-être encore bien des révolutions avant que la nature n'ait formé toutes les combinaiſons qui ſont dans ſes facultés. Car je ne doute pas que l'homme n'eût pu rivaliſer de puiſſance avec elle, s'il avoit eu la poſſibilité de maîtriſer le tems comme il diſpoſe de la matière & de l'eſpace.

M. Kirwan eſtime la puiſſance de l'affinité des acides avec des baſes quelconques par les diverſes quantités qu'ils en exigent pour leur ſaturation. Cette méthode pourroit convenir à la lithologie, ſi nous avions les moyens de connoître le vrai point de ſaturation dans la combinaifon des différentes terres; ou plutôt fi après avoir multiplié nos obfervations fous tous les rapports, fi après avoir déterminé les qualités phyfiques les plus importantes & les avoir comparées avec des analyfes exactes, nous fixions l'état dans lequel doit être une combinaifon pour être confidérée comme parfaite, état qui feroit un terme en-deçà & au-delà duquel il y auroit ou excès ou déficence dans toutes les compofitions. Cette route nouvelle nous conduiroit à des réfultats plus certains, à des connoiffances plus précifes que celles où nous pouvons arriver en parcourant vaguement de petits fentiers, par lefquels, fans buts déterminés, nous abandonnons les formes extérieures pour nous confier exclufivement à l'analyfe; ou bien nous négligeons celle-ci pour n'être plus dirigés que pour les caractères fenfibles. Je rappellerai cette confidération importante, lorfque je parlerai des pierres qui réuniffent plufieurs fortes de terres.

Il eft quelquefois très-difficile de déterminer le rapport, ou le genre de relations qu'ont enfemble deux terres qui concourent à la formation d'une maffe, à plus forte raifon lorfqu'elles font réunies en plus grand nombre; car elles peuvent être ou fimplement mêlangées, ou combinées toutes enfemble, ou les unes dans l'état de combinaifon & les autres dans celui de fimples mêlanges; il eft donc effentiel de déterminer avec autant de précifion qu'il nous fera poffible les propriétés qui diftinguent l'une de l'autre, & de connoître les caractères qui appartiennent exclufivement à la combinaifon.

Dans les mêlanges, les terres confervent leurs propriétés particulières qui peuvent être tout-au-plus oblitérées par l'agrégation d'une d'elles, lorfqu'elle enveloppe les autres. C'eft ainfi que l'argile renfermée dans le fpath calcaire ne s'unit plus à l'eau jufqu'à ce que l'agrégation foit rompue; c'eft ainfi que la terre calcaire enfermée dans du quartz ne fait plus effervefcence avec les acides parce qu'ils ne peuvent plus l'y atteindre. Mais les combinaifons apportent un changement réel dans quelques-unes des propriétés chimiques, & dans plufieurs ou dans toutes les qualités phyfiques des terres qui contractent entr'elles l'alliance chimique. Toutes ces qualités peuvent donc concourir à faire connoître l'état d'une pierre compofée; toutes doivent être prifes en confidération, parce que l'une peut fuppléer à l'abfence, à l'incertitude, ou à la difficulté d'apprécier le caractère des autres. Car une des fingularités les plus remarquables de la lithologie, eft que ce foit par les caractères extérieurs que nous devions préfumer prefque toujours de la combinaifon ou de l'état chimique des fubftances conftituantes, pendant que les moyens chimiques ne nous inftruifent que fur les dofes des fubftances qui interviennent dans les compofitions. Les principales qualités phyfiques à prendre fous ce rapport en confidération font la denfité, la réfringence, la forme & la tranfparence. Je vais indiquer

indiquer fommairement le degré de confiance que l'on peut donner à chacune d'elles.

La combinaifon des terres change leur pefanteur fpécifique & augmente prefque toujours leur denfité; c'eft-à-dire que la denfité de la combinaifon ne demeure pas proportionnelle aux denfités particulières des terres qui y concourent; en fe réuniffant enfemble, elles fe pénétrent donc en quelque forte les unes par les autres, & elles occupent ainfi moins d'efpace que dans leur propre agrégation; ce qui prouve encore que fi la molécule primitive de chaque efpèce de terre a une figure conftante, elle n'a pas de furfaces planes; puifque autrement la forme élémentaire toujours plus fimple devroit donner un folide d'une denfité majeure de celle d'aucune combinaifon, lorfqu'elle feroit placée dans un ordre d'agrégation parfaite. Car ce qu'on nomme pénétration ne peut être qu'un arrangement des molécules différentes, qui laiffe moins de vuide entre chacune d'elles que celui qui exifte entre des molécules femblables; arrangement dont je ne puis concevoir la poffibilité, qu'en imaginant dans ces molécules d'efpèce différente des faces, les unes convexes, les autres concaves, qui peuvent fe correfpondre, s'ajufter les unes dans les autres, & fe rapprocher ainfi plus parfaitement que ne le pourroient faire des molécules fimilaires qui feroient toutes ou convexes ou concaves. Comme jamais nous ne pouvons arriver à connoître la vraie pefanteur de la molécule intégrante, qui, quoique compofée & furcompofée, échappe encore à nos fens, nous ne pouvons pas déterminer fi l'augmentation dans la pefanteur fpécifique d'une combinaifon dépend d'un accroiffement de denfité dans la molécule intégrante elle-même; ou fi elle appartient à un changement dans la forme de cette molécule, qui la rend fufceptible d'un rapprochement plus parfait. Il peut donc arriver que la molécule compofée, quoique très-denfe, ne foit fufceptible que d'une agrégation lâche, ou quoique légère, rende poffible une agrégation ferrée; dans l'un & l'autre cas, cependant un changement dans la pefanteur fpécifique peut en faire préfumer un dans l'état de la molécule intégrante, furtout lorfque la pierre eft dans l'état d'agrégation le plus parfait qui puiffe lui convenir, & qu'on peut déterminer fa figure. Ainfi je confidère l'obfervation ifolée de la pefanteur fpécifique comme abfolument indifférente; mais je la crois extrêmement importante lorfqu'elle concourt avec toutes les autres.

Tous les corps diaphanes oppofent au paffage de la lumière une réfiftance relative à leur denfité, & ils obligent le rayon de lumière à dévier de la ligne droite qu'il parcouroit avant d'y entrer. Les loix de ce phénomène appartiennent à la phyfique, mais la lithologie qui a beaucoup de corps tranfparens peut en tirer un grand avantage; & peut-être ce moyen de connoître la vraie denfité des corps feroit-il

G

plus précis encore que celui qui a été employé jusqu'à préfent pour mefurer les pefanteurs fpécifiques, puifqu'il feroit plus intrinfeque, puifqu'il dépendroit plus effentiellement de la denfité de la molécule elle-même, indépendamment de fon agrégation; car le paffage de la fluidité à la folidité qui arrive à l'eau en le gelant, ne change pas fa réfringence, & un feul grain de fel, diffous dans une pinte d'eau, fuffit pour l'augmenter. Il feroit donc bien effentiel que M. l'abbé Rochon qui a tant fait déjà pour le progrès des fciences, fuivît & publiât les expériences qu'il a commencéés fur la puiffance réfringente de beaucoup de pierres tranflucides. Nous lui devons la connoiffance exaƈte de celles qui ne caufent à la lumière qu'une feule réfraƈtion; en s'affurant qu'elles n'étoient qu'en petit nombre, en nous prouvant que le phénomène de la double réfraƈtion qui nous furprenoit dans le fpath d'Iflande, étoit commun à la plupart des autres corps tranfparens, il nous a fourni un nouveau caraƈtère pour déterminer l'efpèce de quelques pierres; il a confirmé, par exemple, l'opinion de ceux qui avoient conclu de la denfité, de la dureté & de la forme prefque femblable, l'identité de nature du rubis oriental avec la topafe, le faphir & l'amétifte qui portent la même épithète & qui en ont fait une feule efpèce dont les couleurs ne font que des variétés accidentelles. Car ces gemmes font les feules de leur genre qui aient de commun avec le diamant la réfraƈtion fimple. L'abbé Rochon ajouteroit donc à la reconnoiffance que nous lui devons, s'il nous donnoit maintenant une table qui nous indiquât les différens degrés de la réfraƈtion ou de la puiffance réfringente de toutes les pierres. Quoique ce genre d'expérience reftât toujours hors de la portée de la plupart des lithologiftes, quoique cette efpèce d'épreuve fût impoffible à mettre en pratique dans les occafions journalières, quoique beaucoup de corps s'y refufent entièrement par leur opacité, nous y trouverions des bafes de diftributions, autour defquelles nous pourrions ramener beaucoup de fubftances dans lefquelles nous obferverions d'autres genres de fimilitudes.

Sans rappeler les raifons qui le prouvent, je dirai que les molécules compofées ont une forme qui leur appartient effentiellement & qui doit être le réfultat de l'affemblage des molécules élémentaires d'efpèces différentes qui interviennent dans la combinaifon. Cette forme devroit donc varier à raifon des proportions de chacune d'elles. Une molécule compofée qui naîtroit de la combinaifon de feize molécules quartzeufes, de quatre argilleufes, de deux muriatiques & d'une calcaire devroit changer graduellement de figure, à mefure que le nombre des parties argilleufes s'accroîtroit aux dépens des filicées. Les combinaifons relatives aux nombres & aux efpèces étant infinies, fi chacune d'elles influoit effentiellement fur les formes, celles des molécules compofées feroient prefque incalculables; & cependant la nature femble

avoir refferré dans des limites très-étroites celle qu'elle leur permet, &
elle paroît auffi fimple dans les figures des molécules intégrantes, qu'elle
eft variée dans l'ufage qu'elle en fait, lorfque par l'agrégation elle
les réunit en maffe. M. l'abbé Haüy n'a reconnu que quatre formes
primitives dans les molécules intégrantes, foit fimples, foit compofées,
& en admettant feulement quelques variations dans les angles, il a
pu expliquer par elles la figure de tous les criftaux connus, & même
en déduire celles de tous ceux qui font poffibles; & chaque jour des
découvertes nouvelles juftifient fes calculs & fa théorie. Dans des
bornes auffi étroites que celles entre lefquelles peuvent varier les
molécules intégrantes, il feroit impoffible de trouver des renfeigne-
mens bien étendus : ce feroit en vain qu'on fe confieroit aux formes
pour avoir des indications fur la compofition; le cube appartient,
par exemple, aux molécules intégrantes de fubftances effentiellement
différentes; ainfi d'une reffemblance de figure on ne peut conclure la
fimilitude de la compofition; & M. l'abbé Haüy lui-même, de tous
les hommes le plus capable de bien apprécier un moyen dont il a
fait une fcience en lui donnant des principes fixes, convient qu'on ne
pourra jamais faire de la criftallographie la bafe d'aucune diftribution
méthodique des minéraux. En réléguant donc avec lui les formes
parmi les moyens fubfidiaires, en convenant qu'elles font de fimples
indications qui ont befoin d'être appuyées par tous les fecours de la
Phyfique & de la Chimie, en défapprouvant l'ufage trop étendu qu'en
ont voulu faire des favans diftingués, en convenant qu'elles ne peuvent
être d'aucun ufage dans les cas fréquens d'une agrégation confufe,
j'indiquerai un nouveau rapport d'après lequel il me femble qu'on
pourroit tirer avantage de la criftallifation. J'en parlerai lorfque je
traiterai des compofitions par excès.

On place encore la tranfparence parmi les principaux caractères
de l'union chimique, & l'admettant moi-même dans certains cas, comme
un indice de la combinaifon, je le regarderai comme le plus incertain de tous. L'union chimique peut exifter fans elle, & la tranfparence peut fe rencontrer fans combinaifon. Une pierre dans laquelle
les terres font dans un état de fimple mélange, peut avoir une demi-
tranfparence & la devoir à une matière graffe ou à l'humidité, elle la
perd par leur diffipation. L'hydrophane devient tranflucide dans l'eau
fans que l'intromiffion de ce fluide dans fes pores change les rapports
des molécules qui compofent cette pierre, laquelle doit fa propriété
de paffer de l'opacité à la tranfparence par l'abforption de l'eau, à la
feule défectuofité de fon agrégation qui eft naturellement lâche, ou
qui a été defferrée par un commencement de décompofition.

Je pourrois parler encore des caractères chimiques qui indiquent
la combinaifon, tels que la réfiftance plus ou moins grande que les

terres combinées préfentent à l'action des diffolvans qui ont le plus de rapport avec elle, la fufibilité, &c. Ces propriétés particulières peuvent être comparatives entre deux pierres, elles peuvent être utiles dans quelques circonftances, mais elles ne doivent jamais être confidérées comme des caractères abfolus ; d'autant que dans un fimple mélange les propriétés chimiques, ainfi que je l'ai déjà dit, peuvent être oblitérées, & les terres être tellement enveloppées, qu'elles ne préfentent plus de contact aux diffolvans ; & le feu peut achever & même former des combinaifons qui n'exiftoient pas, dans le moment où dilatant les molécules, il donne aux affinités chimiques l'efpace & les moyens d'influer fur des mat ères qui font déjà fi voifines, qu'elles n'ont befoin que du moindre véhicule pour s'unir plus intimément. J'aurai l'occafion d'en citer les exemples.

Parmi les pierres compofées, les combinaifons fimples, c'eft-à-dire, celles dans lefquelles n'interviennent que deux des terres élémentaires, font rares, ce qui indique le peu d'énergie de l'affinité directe qu'elles peuvent avoir entr'elles ; & il eft d'autant plus difficile de déterminer la puiffance de la force qui les fait tendre à l'union chimique, que nous n'en connoiffons les effets que par les produits naturels ; aucune opération de l'art ne pouvant les imiter, & n'ayant nul moyen de vérifier par la fynthèfe les réfultats de l'analyfe. C'eft donc encore fans prétendre à aucune précifion, que je préfenterai une efpèce de Table pour indiquer les affinités des terres élémentaires entr'elles, & pour exprimer comparativement leur tendance à la combinaifon.

Terre quartzeufe.	Terre argilleufe.	Terre ferrugineufe.	Terre muriatique.	Terre calcaire.
Terre muriatique.	Terre ferrugineufe.	Terre argilleufe.	Terre quartzeufe.	Terre ferrugineufe.
Terre argilleufe.	Terre quartzeufe.	Terre calcaire.	Terre calcaire.	Terre muriatique.
Terre calcaire.	Terre calcaire.	Terre quartzeufe.	Terre ferrugineufe.	Terre argilleufe.
Terre ferrugineufe.	Terre muriatique.	Terre muriatique.	Terre argilleufe.	Terre filicée.

Je place la terre muriatique la première parmi celles qui ont quelque affinité avec la terre quartzeufe. La très-grande augmentation dans la denfité des pierres qui réfultent de leur combinaifon, annonce une efpèce de pénétration, & fait préfumer l'énergie de leur union chimique. La quantité de la terre muriatique qui peut fe combiner avec le quartz, furpaffe celle d'aucune autre terre, & indique la puiffance de leur affinité. Le refus conftant de prendre la criftallifation du quartz prouve un changement dans la forme des molécules compofées, & enfin la difficulté d'attaquer par les acides la terre muriatique combinée directement avec le quartz, fait connoître qu'elle y a perdu une de fes qualités chimiques. Une des pierres connues fous le nom de jade (1), les talcs & les ftéatites,

---

(1) Car fous ce nom on défigne plufieurs pierres effentiellement différentes.

font le produit de la fimple combinaifon de la terre quartzeufe & de la magnéfie.

La combinaifon de la terre quartzeufe avec l'argile eft fréquente. Elle fe trouve dans les calcédoines & dans prefque toutes les pierres dites filicées. L'union chimique y eft prouvée par tous les caractères qui peuvent la conftater ; favoir, l'augmentation de denfité, de dureté, de réfringence, le changement de forme dans les molécules intégrantes, &c. Je parlerai plus particulièrement de ces deux premières combinaifons, lorfque j'aurai jetté un coup-d'œil très-rapide fur toutes les autres.

La terre calcaire n'a qu'une très-foible affinité avec la terre quartzeufe, & je ne connois encore aucun cas qui puiffe conftater une vraie union chimique entr'elles, quoique très-fouvent mêlangées. La terre calcaire, délayée en quelque forte dans certains quartz, les rend laiteux, trouble leur tranfparence, fans influer fur leur forme, fur leur denfité & fur leur réfringence. La très-petite quantité que des analyftes en ont trouvée dans quelques criftaux de roche (fi tant eft qu'elle ne provînt pas ou des creufets, ou de l'alkali qu'ils ont employé), ne peut pas me faire fuppofer une combinaifon où je ne vois aucun changement dans les qualités chimiques & phyfiques.

L'affinité de la terre ferrugineufe avec le quartz me paroît plus foible encore. Les améthiftes & les autres criftaux de roche colorés, le font par le fer, mais il y eft en fi petite quantité, que l'analyfe peut à peine l'y difcerner, & le feu fait difparoître les teintes qui lui font dues. Cependant la production des criftaux de roche eft prefque par-tout accompagnée de chaux de fer ; elles font enveloppées & mêlangées même en affez grande quantité dans la pâte de quelques-uns, mais fans altérer ni leur forme, ni aucune des autres propriétés qui leur appartiennent.

Je place le fer au premier rang dans la colonne des affinités de l'argile, non pas parce qu'elle en eft rarement exempte, ou qu'elle eft prefque toujours colorée par lui, ou parce qu'ils s'uniffent enfemble fous toutes les proportions dans les mines de fer limoneufes ou ochracées. Dans tous ces cas je ne reconnois pas les vrais caractères qui diftinguent la combinaifon chimique du fimple mêlange ; mais parce que c'eft prefque toujours le fer qui introduit l'argile dans les combinaifons furcompofées, & qui le fait admettre dans des compofitions dont il feroit exclus fans elle. Ce qui me prouve des rapports directs entr'eux. J'ai déjà fait remarquer la combinaifon de l'argile avec la terre filicée ; mais je ne connois point de circonftance, où l'argile ait contracté une alliance chimique, foit avec la terre muriatique, foit avec la terre calcaire, quoique leurs mêlanges foient fréquens.

Les affinités de la terre ferrugineufe dépendent beaucoup des modifications qu'elle a pu recevoir ou par l'air méphitique ou par le phlogiftique. Elle doit être dans un état de déphlogiftication parfaite pour entrer dans quelques combinaisons, & elle ne peut être admise dans les autres que lorsqu'elle approche de l'état métallique. C'est dans la première de ces conditions qu'elle se combine en très-grande quantité avec la terre calcaire, pour former des mines de fer spathique, & la terre calcaire lui porte ainsi avec elle dans quelques autres combinaisons; c'est dans la seconde de ces circonstances que la terre ferrugineuse est le plus ordinairement unie avec l'argile, à qui elle donne une couleur grise ou bleuâtre par une modification presque semblable à celle qui produit le bleu de Prusse, modification qui se détruit ou par la cuisson, ou par une espèce de rouille spontanée. J'ai déjà dit que l'affinité directe de la terre ferrugineuse dans quelqu'état qu'elle fût, étoit presque nulle avec la terre quartzeuse; elle ne donne aucun indice d'en avoir une plus active avec la terre muriatique, car je ne les vois jamais combinées directement ensemble.

La terre muriatique se combine en grande quantité avec la terre calcaire pour former des cristaux transparens rhomboïdaux semblables pour la forme à ceux du spath calcaire pur, mais plus pesans, un peu plus durs, moins attaquables par les acides dans lesquels ils se dissolvent lentement avec une très-foible effervescence, caractères qui annoncent leur union chimique. Ces deux terres contractent leur alliance dans les fentes & les cavités des stéatites & des pierres talqueuses, où la terre muriatique est unie par excès avec la terre quartzeuse, ce qui paroît faciliter sa combinaison avec la terre calcaire, combinaison qui malgré leur fréquent mêlange, n'a pas lieu dans toute autre circonstance.

La terre calcaire s'unit dans presque toutes les proportions avec la terre ferrugineuse abondamment aérée; car c'est de cette circonstance que paroît dépendre leur union, laquelle s'affoiblit & se rompt lorsque la terre ferrugineuse des mines spathiques abandonne une partie de cet air pour passer à l'état de chaux brune, & le calcaire qui ne se trouve plus en état de combinaison, y forme des cristaux transparens où il est pur. Dans le paragraphe précédent nous avons dit que la terre calcaire se combinoit avec la terre muriatique dont elle peut admettre ou dissoudre jusqu'à trente-cinq centièmes. Mais son affinité nous a paru à-peu-près nulle avec toutes les autres terres.

Il résulte de cet apperçu qu'il y a à-peu-près autant de cas où les terres élémentaires refusent de s'allier directement ensemble, qu'il en est où elles se combinent. Mais cette résistance ou cette indifférence à la combinaison est vaincue aisément par le concours de deux de ces terres qui en admettent facilement une troisième, quoique celle-ci soit de nature à se refuser à toute union directe avec l'une ou avec l'autre. C'est ainsi que la terre quartzeuse & la terre argileuse admettent dans une combinaison commune la terre calcaire, qui sert elle-même à y introduire une quantité d'argile plus grande que le quartz seul ne pourroit en comporter. Les combinaifons quadruples & même quintuples font plus faciles encore, & par conféquent les pierres qui les réuniffent toutes font les plus communes. Les différentes proportions dans lefquelles chacune des terres intervient dans ces combinaifons, le moment & les circonftances où elles s'y font introduites influent fur les propriétés des pierres qui en font le réfultat, & font la caufe des variétés prodigieufes que l'on obferve dans les pierres compofées. Mais avant de paffer à l'application des principes que je viens d'établir & fur lefquels on me pardonnera peut-être d'avoir fixé auffi long-tems l'attention, quand on réfléchira à l'importance dont ils font pour la Lithologie, on me permettra de m'arrêter encore quelques momens fur une autre circonftance des combinaifons chimiques, qui me paroît influer le plus effentiellement fur l'état des pierres compofées.

Les combinaifons les plus parfaites, font celles dont les fubftances conftituantes s'étant liées par une plus grande force oppofent par conféquent plus de réfiftance à leur féparation, & fe refufent davantage à tout changement dans l'état où les a placées leur affociation ; ce font celles où chacune de ces fubftances a perdu autant qu'il eft poffible fes propriétés particulières, ou les a confondues dans les propriétés nouvelles qui fe font développées dans le moment que la compofition s'eft opérée. Deux caufes contribuent à ce genre de perfection ; l'énergie des affinités & la proportion exacte des matières conftituantes. L'une procure une alliance d'autant plus conftante, que ne pouvant être rompue que par une force de même genre, il s'en trouve peu qui lui foit fupérieure. L'autre établit un tel équilibre dans la tendance à l'union qui appartient à chaque fubftance, qu'après avoir épuifé les unes fur les autres toute l'activité de ce genre d'attraction, elles ne peuvent rechercher aucune nouvelle alliance & doivent refter dans un état de repos ; ou plutôt elles acquièrent collectivement des tendances nouvelles, différentes de celles qui leur étoient particulières ; & cet effet de la combinaifon chimique reffemble au réfultat du mouvement imprimé à deux corps dans des directions différentes, qui après leur rencontre prennent une marche commune par laquelle ils s'éloignent des corps contre lefquels chacun d'eux feroit venu frapper, s'il avoit continué d'obéir à la première impulfion. On appele *faturation* cet état de combinaifon où les fubftances compofantes ont chacune réciproquement abforbé tout ce qu'elles peuvent prendre des autres, cet inftant où l'affinité, en quelque forte fatisfaite & amortie, ne peut plus ni recevoir ni enchaîner avec une égale force une plus grande quantité de ces mêmes matières dont elle s'étoit montrée fi avide avant de s'être raffafiée.

La chimie donne le nom de *fels neutres* aux combinaifons dans lefquelles un acide ayant employé toute fon activité fur une fubftance quelconque que l'on confidère comme bafe, a fatisfait fa tendance à l'union ; & cette neutralifation eft d'autant plus complette que l'acide & les bafes fe font mieux convenus, c'eft-à-dire que l'affinité réciproque a été plus énergique (a). C'eft ainfi que le tartre vitriolé, le nitre & le fel marin font regardés comme les fels neutres les plus parfaits, parce qu'ils font ceux dont la combinaifon eft la plus ferme, parce que les propriétés particulières à chacune des fubftances conftituantes ont difparu, & leur grande activité s'eft en quelque forte éteinte dans l'acte de leur compofition, pour donner lieu à des propriétés nouvelles. Mais les terres n'exerçant point entr'elles une tendance auffi active, éprouvent moins les effets de cette union intime, qui procure un repos prefque abfolu après l'emploi de toutes les facultés. Si elles ceffent de fe rechercher, c'eft moins par fatiété, que par cette indifférence qui fe fatigue du moindre obftacle. Leurs combinaifons n'arrivent donc jamais au genre de perfection qui appartient aux fels neutres, & fi elles fe défendent autant qu'eux & même beaucoup plus qu'eux contre la décompofition, c'eft plutôt par l'énergie de leur agrégation, que par la force de la combinaifon ; fi elles réfiftent au changement, c'eft plutôt par une efpèce d'apathie que par une préférence pour l'état où elles fe trouvent.

Les propriétés chimiques des fubftances falines fimples font très-manifeftes, elles ne font point changées ni oblitérées par le feul mêlange ; on reconnoît donc aifément les modifications qu'elles éprouvent, & lorfqu'elles ceffent d'agir de la manière qui leur eft particulière, on peut conclure qu'elles font combinées ; c'eft ainfi que les acides ne rougiffent plus les couleurs bleues végérales, & que les alkalis perdent la faculté de les verdir lorfqu'il y a faturation complette & réciproque ; mais tant que leur tendance à la combinaifon n'eft pas entièrement épuifée, chacune de ces fubftances continue d'agir quoique plus foiblement de la manière qui leur eft propre. Les propriétés chimiques des terres étant ordinairement auffi foibles qu'obfcures, pouvant être cachées par des mêlanges auffi aifément qu'elles font tranfmutées par des combinaifons, il eft très-difficile de juger les changemens qui leur arrivent, & de connoître quand elles ont entièrement appaifé par la faturation une efpèce d'appétence, tellement modérée qu'à peine fe faifoit-elle diftinguer avant même qu'elle n'eût commencé à fe fatisfaire.

Quelque avides de combinaifon que foient les fubftances falines, rarement il arrive que les acides & leurs bafes fe mettent parfaite-

---

(1) Je dis affinités réciproques ; parce que les fubftances défignées comme bafes ne font pas dans l'inertie ; elles ne jouent pas un rôle purement paffif ; mais elles attirent avec la même puiffance qu'elles font attirées.

ment

ment en équilibre entr'eux , plus souvent l'un ou l'autre domine un peu , & on nomme *compofition par excès* celles , où une des fubftances furpaffe la quantité néceffaire à l'exacte faturation de l'autre. Ce phénomène chimique dont la théorie eft très-difficile à éclairer , peut dépendre de plufieurs caufes. D'abord la fimple adhérence peut retenir dans les interftices du corps compofé une furabondance d'une des matières conftituantes , ordinairement de celle qui entre en majeure quantité dans la combinaifon , parce que , comme nous l'avons dit , l'adhérence eft d'autant plus forte qu'elle a plus de rapport avec l'affinité d'aggrégation ; fecondement il y a des fubftances qui après avoir en quelque forte épuifé les unes fur les autres leur tendance particulière à l'union , acquièrent par l'acte même de leur combinaifon la puiffance d'agir fur une nouvelle portion d'une des fubftances compofantes , de la même manière que d'autres combinaifons agiffent fur des matières entièrement étrangères à elles. Ce genre de compofition par excès n'eft donc qu'une efpèce de furcompofition , & fi l'excès dans le cas précédent n'a lieu que lorfque la combinaifon & l'agrégation fe font opérées dans un milieu où dominoit la fubftance furabondante (1); dans ce cas-ci , il peut arriver que l'excès ou la furcompofition fe faffe malgré la préfence de la fubftance qui , felon les loix ordinaires des affinités , auroit dû s'emparer de celle qui eft entrée par furabondance dans la compofition. C'eft ainfi que des criftaux falins peuvent fe former avec excès de bafe dans une liqueur acide. Enfin , dans la plupart des compofés falins , la faturation eft plutôt relative qu'abfolue , comme l'avoit très-bien remarqué M. Macquer; telle fubftance fe fera raffafiée , fe fera faturée de celle qui s'eft préfentée à fon alliance , fans avoir épuifé toutes fes forces , fans perdre la faculté d'agir fur toute autre matière de la manière qui lui eft propre. Et ce refte de tendance à l'union qui paroît un excès de matière , n'eft qu'un excès de force qui permet un double mariage fans néceffiter aucun divorce. Les combinaifons doivent être regardées comme d'autant plus parfaites que la faturation relative approche plus de la faturation abfolue , & que les fubftances compofantes ont plus complettement épuifé les unes fur les autres toute leur action.

Cette faculté d'admettre par furabondance une des fubftances conftituantes , n'eft pas particulière aux combinaifons falines; les compofitions par excès font plus communes encore parmi les pierres. Et fi pour les fels il eft fi difficile de fixer le vrai point de faturation , s'il eft fi rare de pouvoir déterminer avec précifion la quantité de cha-

(1) Tels font les fels neutres qui manifeftent un excès d'acide lorfqu'ils ont criftallifé dans une diffolution où l'acide dominoit.

H

que subſtance compoſante néceſſaire pour établir un *équilibre* parfait dans leur action réciproque, quoique la ſubſtance ſurabondante y conſerve encore une partie de ſon activité naturelle, quoiqu'elle exerce les facultés qui lui ſont propres avec un reſte d'énergie qui n'appartient plus qu'à celles qui ſont dans un état de combinaiſon intime ; on peut s'imaginer que l'incertitude des limites préciſes de la ſaturation eſt plus grande encore par les ſubſtances terreuſes qui nous paroiſſent preſque inertes, & dont les ſimples mêlanges ſont ſouvent très-difficiles à diſtinguer des combinaiſons les plus intimes. Je n'aurois pas même imaginé qu'il fût poſſible d'approcher d'aucune préciſion à cet égard, ſi je n'avois entrevu dans les produits de l'infiltration & dans la décompoſition ſpontanée des pierres, quelques moyens pour me diriger dans ce genre d'obſervation.

Les ſubſtances qui interviennent par excès dans une combinaiſon y ſont d'autant moins enchaînées qu'elles y ſont plus ſurabondantes, elles conſervent d'autant plus de leurs facultés naturelles, qu'elles en emploient moins dans une aſſociation où elles ſont ſuperflues, & elles cèdent aiſément à l'affinité, quoique foible, d'une ſubſtance étrangère quelconque, qu'elles auroient dédaignée, ſi elles euſſent pu exercer toute leur puiſſance ſur une ſuffiſante quantité d'une des matières qui entrent dans la combinaiſon. Sa ſeule ſolution dans l'eau ſuffit ſouvent pour délivrer un ſel de l'excès d'une des ſubſtances qui le compoſent, comme elle le purge du mêlange des matières qui lui ſont abſolument étrangères. Ce moyen ſimple de purification eſt ſouvent employé par les arts. L'eau qui diſſout les pierres (ſoit qu'elle tienne cette faculté d'elle-même, ou qu'elle la doive à l'addition de quelques autres ſubſtances) & qui tranſporte leurs molécules à une certaine diſtance, les ſépare également & des matières ſurabondantes & de celles qui n'y ſont que mélangées ; les criſtaux pierreux dépoſés dans les fentes ou dans les cavités d'un rocher par une infiltration poſtérieure ſont plus épurés que ceux qui ſont renfermés dans la maſſe elle-même, pour s'y être formé inſtantanément à ſa coagulation, & à moins que quelque cauſe n'ait nui à cet effet, l'extrêmité du criſtal la plus éloignée de la maſſe dont il eſt extrait eſt toujours plus exempte de mélange que la partie qui lui reſte adhérente ; parce que les molécules intégrantes ont pu ſe ſéparer de tout ce qui les ſouilloit ou de tout ce qui n'étoit pas eſſentiel à leur compoſition. Cette dépuration s'opère alors ou par la précipitation, ou par la réſiſtance qu'oppoſe au paſſage de l'eau le tiſſu du rocher qu'elle a dû traverſer, & dans lequel elle a été forcée de la ſſer toutes les matières hétérogènes qu'elle ne tenoit qu'en ſuſpenſion ; & en outre ce genre de filtre peut retenir les ſubſtances ſuperflues, en leur préſentant une alliance d'affinité qu'elles n'accepteroient pas ſi leurs forces étoient entièrement amorties par une combinaison parfaite. Je crois donc qu'en étudiant particulièrement les produits de l'infiltration, on peut parvenir à connoître les matières essentielles à la formation d'une pierre qui doit sa naissance à la combinaison chimique de plusieurs terres élémentaires : mais comme les résultats de cette filtration naturelle ne sont pas les mêmes dans toutes les circonstances, & qu'ils peuvent varier selon la nature du filtre qu'ils ont traversé, il faut en avoir comparé beaucoup ensemble, avant de donner son entière confiance aux indications que procure une semblable méthode.

Lorsque les proportions des substances essentielles à une composition sont plus éloignées du point de saturation, les sels ainsi que les pierres se décomposent plus facilement, c'est-à-dire, qu'ils changent leur manière d'être, ou en admettant de nouvelles substances dans leur combinaison, ou en reprenant celles qu'elles avoient abandonnées, ou en cédant la portion de la substance excédante à l'action d'une autre affinité. De même donc que quelques sels sont d'autant plus déliquescens que la saturation de l'acide est moins complette, ou d'autant plus efflorescens que les bases sont plus abondantes, l'argile qui pour être admise dans quelques combinaisons, avoit été obligée d'abandonner une partie de cette humidité qui lui donne sa ductilité & dont elle est si avide lorsqu'elle est libre de tous liens, la reprend d'autant plus aisément que sa tendance à toute autre union est moins satisfaite. Le fer qui doit souvent à un reste de phlogistique la faculté d'intervenir dans quelques compositions, passe d'autant plus facilement à l'état de rouille ou de chaux, que plus superflu à la combinaison il y est moins enchaîné ; & les acides sulfureux altèrent d'autant plus promptement une pierre, qu'ils y trouvent une substance plus éloignée de la combinaison intime.

Un changement dans l'état de la composition en nécessite un dans l'état de l'aggrégation ; la forme & le volume des molécules intégrantes étant modifiés, elles ne présentent plus les mêmes points de contact ; une pierre décomposée prend donc toujours un tissu plus lâche, une moindre dureté, une apparence plus terreuse qui distinguent les parties altérées de celles qui sont restées dans l'état naturel. Cette détérioration spontanée de l'aggrégation pronostiquant toujours une altération de composition, la rend facile à reconnoître, & elle aide à comparer ensemble deux pierres de même espèce dont la composition n'est pas également parfaite. Les feld-spaths qui contiennent une grande surabondance d'argile, éprouvent aisément ce genre de décomposition spontanée qui détruit certains granits, & les réduit dans un état terreux (a). La surface d'un trapp ou d'une roche de corne ex-

(1) Le vrai kaolin ne se forme que par la décomposition spontanée des granits dont le feld-spath renferme une surabondance d'argile.

H ij

posée depuis quelque tems à l'influence de l'atmosphère, se couvre d'une écorce terreuse brune ou rougeâtre, d'autant plus promptement que la pierre contient une plus grande quantité de fer qui n'y est point dans un état de combinaison parfaite ; & lorsque l'argile & le fer font superflus dans la même composition, ils y portent une double cause de décomposition, dont les effets font encore plus prompts.

C'est donc en admettant comme principe qu'une composition est d'autant plus parfaite, qu'elle résiste davantage à toute espèce de décomposition ; c'est après avoir reconnu que les combinaisons terreuses plus sujettes encore que les combinaisons salines à se surcharger d'une de leurs substances constituantes, & plus exposées au mélange des matières étrangères, pouvoient comme elles s'épurer par de nouvelles dissolutions & par les filtrations, que j'ai cru possible d'appliquer à la lithologie les principales loix des affinités chimiques. C'est en faisant précéder les analyses par les observations de localités, c'est en étudiant l'influence des circonstances sur les différens produits, que j'ai imaginé qu'il y avoit aussi dans la combinaison des terres un point de saturation réciproque, au-delà duquel les forces de l'affinité n'étant pas en équilibre, le composé n'avoit plus ni la même permanence ni la même solidité. C'est en employant la méthode des abstractions, c'est en voyant que telle substance pouvoit être soustraite en partie ou en totalité d'une combinaison, sans nuire à ses propriétés essentielles, que j'ai cherché à déterminer l'espèce, le nombre & la quantité des substances nécessaires à certaines combinaisons ; c'est après avoir remarqué que dans le nombre des substances qui composent les pierres, il en est qu'elles abandonnent avec assez de facilité, sans changer de nature, mais qu'il en est d'autres dont elles ne pourroient se séparer sans perdre toutes les propriétés qui les caractérisent essentiellement ; c'est en observant encore qu'il est des substances qui tant qu'elles ne sont admises que comme mélange, ne changent point la nature de la pierre, mais qui introduites dans la combinaison, y influent tellement, qu'elles lui donnent des qualités différentes, que j'ai senti l'importance de distinguer les matières essentielles des matières superflues ou excédentes, celles qui sont admises dans la combinaison, de celles qui ont pû s'introduire dans la composition sans prendre part à l'alliance chimique. Il me paroît donc que le lithologiste doit moins chercher à connoître les substances qui existent dans une pierre, qu'à déterminer les rapports dans lesquels elles y sont entr'elles ; & avant de recourir aux opérations de l'art, il doit suivre le travail de la nature dans toutes les modifications que les circonstances peuvent y apporter. Ce n'est pas en essayant les *magma* des eaux-mères du nitre ou du sel marin, que le chimiste cherchera à connoître les substances essentielles à la composition de ces deux sels. Quelle confiance peut-on donc avoir dans cette immensité d'analyses qui ont été faites fur des pierres dont on n'avoit point conftaté la pureté, & qui pouvoient n'être que des *magma* terreux, du milieu defquels la filtration pouvoit feule extraire & purifier les vrais produits de la combinaifon?

Quoiqu'une méthode fondée fur les principes que je viens de développer, me paroiffe la feule qui puiffe nous conduire à la connoiffance exacte des pierres compofées, je fens les difficultés de l'employer, je vois qu'elle ne peut être d'aucun ufage dans une infinité de cas qui ne fourniffent pas un affez grand nombre de données, pour arriver à la folution du problème; l'application que j'en ai faite fur certaines efpèces de pierre, a même exigé l'appui d'une fuppofition que les obfervations poftérieures ont enfuite confirmée. J'ai imité l'habile criftallographe qui, par une forte de diffection, découvrit dans le centre d'un criftal prifmatique hexagone de fpath calcaire un noyau rhomboïdal, & qui partant de la fuppofition que tous les criftaux devoient également avoir une efpèce de noyau d'une forme fimple qui étoit celle de la molécule conftituante, calcula toutes les figures que pouvoit donner l'accumulation régulière de certaines molécules fimples, & trouva qu'un très-petit nombre de formes élémentaires fuffifoit pour procurer par certaines loix de décroiffement ou d'aggrégation tous les criftaux les plus compliqués & les plus variés. Les obfervations fubféquentes ont été tellement d'accord avec fa théorie, que ce qui dans fon début n'étoit qu'une hypothèfe ingénieufe, a pu être placé enfuite parmi les vérités fondamentales qui donnent une bafe ftable à la criftallographie. De même j'ai vu des compofitions que les réfultats de l'analyfe faifoient paroître très-compliquées, & qui pouvoient cependant, fans être dénaturées, fe réduire à deux feules fubftances conftituantes, pendant que d'autres pour conferver leur manière d'être effentielle, devoient néceffairement réunir les cinq terres élémentaires, & j'ai placé entre ces deux limites tous les produits de la combinaifon des terres, nommant compofitions du premier ordre celles qui n'exigent que deux terres, compofitions du fecond ordre, celles qui en admettent trois, compofitions du troifième ordre, celles qui demandent le concours de quatre, &c. J'ai fuppofé que chaque combinaifon devoit avoir des qualités ou des caractères particuliers qui ne pouvoient être fpécifiés, que lorfqu'elle étoit ramenée aux feules matières néceffaires à fa conftitution. J'ai donc cherché la vraie molécule compofée conftituante par les abftractions fucceffives de tout ce qui m'a paru étranger ou fuperflu aux combinaifons que j'ai pu foumettre à ce nouveau genre d'analyfe, comme par différentes fections, M. l'abbé Haüy a cherché la molécule centrale de chaque criftallifation qu'il ne découvroit qu'après l'avoir féparée de tout ce qui s'étoit accumulé autour d'elle pendant l'accroiffement du criftal; & lorfque par de femblables retranchemens, j'ai porté les compofitions à l'état de la plus grande fimplicité dont elles me paroiffent fufceptibles , & j'ai trouvé les mêmes principes conftituans dans deux pierres qui cependant diffèrent entr'elles par des propriétés effentielles & permanentes, je préfume que, quoique les terres élémentaires en foient les mêmes, elles ne s'y trouvent pas dans un état exactement femblable ; car le réfultat des combinaifons ne dépend pas uniquement de la nature des matières conftituantes ; mais encore de certaines modifications que chacune d'elles en particulier peut recevoir par l'addition ou la fouf-traction de plufieurs fluides qui influent beaucoup fur les rapports de combinaifon que les terres ont entr'elles , comme ils influent fur l'action des acides , & fur les fels produits par leurs combinaifons.

Je ne prendrai maintenant en confidération que les compofitions dont la terre quartzeufe eft la bafe effentielle, que celles où le quartz joue en quelque forte envers les autres terres le rôle de diffolvant , & je montrerai qu'il y a des limites à fa faturation qui varient felon la nature des terres avec lefquelles il s'unit chimiquement, felon le nombre de celles qui interviennent dans la combinaifon , & felon leur état particulier. Je parlerai d'abord des compofitions les plus fimples , c'eft-à-dire , de celles du premier ordre dans lefquelles la terre quartzeufe n'admet qu'une feule des terres avec lefquelles elle a des affi-nités.

D'après les principes établis ci-deffus , je crois donc pouvoir dire que le quartz eft faturé d'argile lorfqu'il en diffout vingt centièmes de fon propre poids, & que dans le genre de pierres, dites *filicées*, qui réfultent de la combinaifon de ces deux terres, celles qui approchent le plus de cette proportion & qui font plus exemptes de tout autre mêlange, font les plus parfaites. Cette proportion eft celle qui conftitue la pierre blanche ou bleuâtre , demi-tranfparente, laiteufe, nommée *calcédoine* (1). Les autres pierres filicées ou contiennent une furabondance d'argile, ou font mêlangées avec des matières abfolument étrangères à ce genre de combinaifon. Plufieurs confidérations me paroiffent autorifer cette préférence, & m'ont déterminé à adopter cette efpèce de limite pour la faturation refpective de ces deux terres. 1°. La dépuration de toute pierre filicée opérée par l'infiltration, produit toujours des calcédoines ; on les trouve en mamelons dans les cavités des filex groffiers & des pierres à fufil, comme dans celles des agathes & des jafpes ; elles foudent les fentes & des cornalines

_____

(1) Les analyfes les plus exactes n'ont trouvé dans cent parties de calcédoines les plus tranfparentes que $\frac{16}{100}$ d'argile & $\frac{84}{100}$ de terre quartzeufe , la calcaire que quelques chimiftes y ont reconnue n'y étoit fûrement que dans un état de mêlange.

& des fardoines. Les calcédoines qui fe forment dans l'intérieur des pierres du genre filicé ne diffèrent pas effentiellement de celles qui fe forment à la manière des ftalactites à travers les maffes d'argile, de celles qui ont pour matrice la pierre calcaire & de celles qui occupent les cavités des roches de corne & des produits volcaniques. Qtel que foit donc le filtre à travers lequel paffe la diffolution de la matière filicée, il n'influe plus fur cette combinaifon lorfqu'elle eft arrivée à cet état de pureté ou de faturation qui diftingue la compofition de la calcédoine de celle de toutes les autres pierres du même genre. 2°. Toutes les pierres filicées fe décompofent fpontanément à l'air, elles y prennent une écorce blanchâtre, opaque & terreufe qui avoit fait fuppofer leur tranfmutation en argile; & dans les pays couverts de différens filex en blocs ifolés ou en cailloux roulés, lefquels font expofés depuis le même tems à l'influence de l'atmofphère (1), on peut obferver que les progrès de cette altération font d'autant plus avancés, que la pierre renferme une plus grande furabondance d'argile; mais les veines de calcédoine font toujours les dernières & les plus foiblement attaquées par ce genre de décompofition, elles préfentent auffi les mêmes réfiftances relatives à l'action des vapeurs acido-fulfureufes. Je regarderai donc la calcédoine comme la plus parfaite des pierres qui naiffent de la combinaifon directe du quartz & de l'argile, comme le filex par excellence, comme la bafe de tout le genre filicé. Toutes les pierres, qui ont des rapports avec la même combinaifon, ne doivent être confidérées que comme des variétés dans lefquelles l'argile intervient par excès, ou qui renferment des fubftances étrangères (2).

---

(1) Les pierres filicées proprement dites, c'eft-à-dire, celles où l'argile & le quartz font combinés chimiquement, fe décompofent plus aifément que les pierres où l'argile eft feulement mélangée & enveloppée par le quartz. Dans les premières chaque molécule intégrante qui fe préfente à l'influence de l'atmofphère livre immédiatement à l'action de l'air & de l'eau la portion d'argile qui lui eft affociée, & qu'elle doit céder à une affinité plus puiffante que celle qui l'y enchaîne; mais dans les fecondes, le quartz qui n'eft point fufceptible d'altération couvre l'argile, & la fouftrait ainfi au contact des fubftances qui pourroient l'attaquer.

(2) Je crois important de relever une erreur de nomenclature dans laquelle je fuis moi-même tombé, & qui occafionne une grande confufion dans les idées. On regarde improprement comme fynonimes les noms de *terre quartzeufe* & de *terre filicée*; comme fi le *quartz* & le *filex* étoient les mêmes pierres, comme fi l'un & l'autre devoient être également confidérés comme des êtres fimples. Le quartz peut être regardé comme une aggrégation des molécules de la terre élémentaire à laquelle il donne fon nom, parce qu'elle feule eft effentielle à fa manière d'être, parce que d'elle feule il tient toutes fes propriétés, parce qu'aucune des matières qu'il peut cafuellement renfermer ne lui eft néceffaire, & il s'en dépouille facilement par l'infiltration. Sa terre qui eft la vraie bafe du criftal de roche ne peut être réduite à un état de plus grande fimplicité, ni par la nature, ni par l'art (au moins quant à

Il me fera plus difficile de déterminer le point de faturation réciproque entre la terre quartzeufe & la terre muriatique, d'autant que

fes élémens folides.) Le filex au contraire eft une pierre effentiel'ement compofée,
dans laquelle il eft néceffaire que la terre quartzeufe & la terre argilleufe foient
combinées enfemble pour être conftitué ce qu'il doit être ; & il tient de cette alliance
chimique fes propriétés particulières, qui, quoique voifines, fous certains rapports,
de celles du quartz, en diffèrent par plufieurs autres. Le quartz a une tendance
extrême à l'aggrégation régulière que les fimples mélanges quoiqu'abondans
n'empêchent pas ; mais combiné avec l'argile jufqu'au point de faturation, il ne
criftallife plus. La calcédoine ne donne que des mamelons dans les mêmes circonftances, & dans les mêmes cavités où le quartz fournit les criftaux les plus réguliers.
Si quelquefois la furface des mamelons de calcédoine eft brillantée & préfente de
petites facettes, ce n'eft point la calcédoine qui tend à la crifta'lifation, mais c'eft
une écorce putement quartzeufe qui l'a enveloppée, comme elle-même incrufte
quelquefois des criftaux de quartz en fe modelant fur eux. Je dois encore prévenir
que le quartz n'eft pas toujours complettement faturé d'argile, & lorfqu'il n'en
diffout qu'une quantité bien inférieure à celle qu'il peut comporter, il s'éloigne
moins de fes propriétés naturelles. On peut remarquer dans certaines géodes calcé-
doniennes que lorfque la terre quartzeufe furpaffe la proportion des $\frac{90}{100}$ les mamelons
s'allongent, acquièrent des angles & des pyramides, qui font d'abord émouffés,
mais qui s'aiguifent à mefure que le quartz s'échappe d'autant plus de l'état de
combinaifon. On devroit donc réferver la dénomination de *terre filicée* à la combinaifon du quartz avec la terre argilleufe, & ne jamais confondre le produit d'une
union chimique, ni avec la terre quartzeufe dans fon état de pureté, ni avec fes
fimples mélanger.

Les agathes orientales font des calcédoines avec furabondance de quartz ; mais les
agathes d'Allemagne réuniffent ordinairement dans les mêmes maffes & le quartz pur
& le quartz combiné avec l'argile, & quoiqu'ils y foient prefqu'empâtés enfemble,
on les y diftingue encore par les caractères extérieurs qui leur font particuliers. Ils
paroiffent même être devenus étrangers l'un à l'autre, puifqu'ils tendent toujours à
fe féparer, & on peut obferver que les parties les plus quartzeufes font voifines de
celles où le filex s'eft en quelque forte refferré fur lui-même pour former de vraies
calcédoines.

Je crois qu'il eft également effentiel d'établir une diftinction entre les pierres
formées par un mélange de quartz avec une terre quelconque, & celles où ces mêmes
terres font mélangées avec le filex, c'eft-à-dire, avec le quartz déjà faturé d'argile ;
& il me femble que c'eft très-improprement que l'on nomme également *jafpes*, &
le quartz empâté avec des ochres martiales jaunes & rouges, & le filex empâté avec
ces mêmes chaux métalliques. C'eft ainfi qu'en confondant deux états auffi différens,
on nomme quelquefois jafpes criftallifés des criftaux de roche rendus parfaitement
opaques par des mélanges. Le faux jafpe, celui dont la bafe argilleufe ou martiale
eft imbibée de quartz, a une caffure plus vitreufe, une pâte plus groffière & un
grain dur & fec ; fes veines font de quartz blanc, & s'il a des cavités, elles font
garnies de petits criftaux de roche ; la pierre nommée finople eft un de ces faux
jafpes ; le vrai jafpe (dans lequel, je le répète, la terre argilleufe ou martiale qui *en*
fait la bafe doit être ou imbibée ou empâtée de filex) a une pâte plus fine, une
caffure unie, conchoïde & luifante, quelquefois d'un afpect un peu terreux ; fes
veines font formées de calcédoine, qui tranfudant en mamelons remplit également
fes cavités. Mais par la même raifon que le quartz & la calcédoine fe confondent

je

je crois appercevoir deux états très-différens dans la combinaison de ces deux terres. Dans l'un, le quartz fait en quelque forte l'office de menftrue envers la terre muriatique, il s'unit à elle de la même manière qu'il s'affocie à l'argile, lorfque avec cette terre il conftitue les filex; & il éprouve dans cette nouvelle combinaifon plufieurs modifications femblables à celles qu'il reçoit dans la première, entr'autres la perte de la faculté de criftallifer. Plufieurs pierres d'apparence filicée font le réfultat de cette affociation auquel appartiennent principalement les pierres dites de poix, qui fe forment dans les ferpentines décompofées & parmi les argiles mêlées de terre muriatique. Lorfque les produits de cette combinaifon ont éprouvé par des filtrations naturelles la dépuration de tout ce qu'ils contenoient d'étranger ou de fuperflu, le quartz retient encore à-peu-près $\frac{10}{100}$ de magnéfie, quantité qui paroît être néceffaire à fa faturation.

Mais je ne crois pas que ce foit toujours dans des circonftances femblables, que fe faffe la combinaifon de la terre quartzeufe & de la terre muriatique. Il me paroît que ces deux terres fe font affociées fous des rapports bien plus intimes encore pour former certains talcs & quelques ftéatites. Elles y font bien plus fortement enchaînées, & par conféquent elles cèdent plus difficilement aux affinités qui font particulières à chacune d'elles. Cette réfiftance à leur féparation, cette difficulté d'attaquer alors la terre muriatique par les menftrues qui lui font les plus appropriés, ont fait croire à plufieurs chimiftes qu'il y avoit une terre particulière qui conftituoit les talcs. Plufieurs motifs que je déduirai dans une autre occafion me font penfer que le quartz n'eft plus ici dans fon état naturel; mais que ce nouveau genre de combinaifon exige de fa part une fituation analogue à celle où il fe trouve lorfqu'il intervient dans la conftitution des gemmes (1). Il me paroît donc que dans ce nouvel état, les rapports de faturation changent entièrement, & le quartz peut fe combiner avec plus de $\frac{50}{100}$ de fon poids de terre de magnéfie. Affociées ainfi, ces deux terres jouent un rôle collectif particulier dans les combinaifons où elles interviennent,

---

dans quelques agathes, le vrai & le faux jafpe fe trouvent réunis lorfque le quartz & le filex ont fimultanément pénétré dans des maffes d'argile, ou de terres ferrugineufes : ce qu'on voit fréquemment dans les jafpes de la Sicile.

Les filex groffiers diffèrent des calcédoines par un excès d'argile, & fur-tout par des terres étrangères empâtées avec eux fans les rendre entièrement opaques; c'eft ainfi que beaucoup contiennent de la terre calcaire qui peut leur donner une fufibilité qui n'appartient pas au filex; il femble auffi qu'il y ait une efpèce de fubftance graffe qui contribue à leur diaphanité & à leur couleur, & ils perdent l'une & l'autre lorfque la chaleur la diffipe.

(1) Je développerai plus diftinctement mon opinion fur cet état particulier de la terre quartzeufe, lorfque je parlerai des gemmes, ou pierres précieufes.

I

elles s'y comportent d'une manière différente que fi elles y concou-
roient chacune ifolément. Pour exprimer les nouvelles propriétés qu'elles
développent, je les confidérerai comme une fubftance particulière que
j'appellerai terre *talqueufe*, & par cette dénomination qui exprime
cet état de la combinaifon de ces deux terres, j'éviterai des périphra-
fes, & je porterai un peu plus de clarté dans une difcuffion que la
nature du fujet rend extrêmement obfcure & compliquée.

La terre talqueufe a pour caractère extérieur diftinctif une apparence
graffe & onctueufe qu'elle porte avec elle dans les combinaifons où
elle entre, & que ne donne point la terre muriatique y arrivant ifolément. La terre talqueufe eft la bafe effentielle des ferpentines, des
pierres ollaires, des ftéatites & de la plupart des pierres favonneufes
de ce genre. Mais elle n'y eft pas pure, différentes terres y font mêlangées avec elle, il s'y trouve même une nouvelle portion de terre
de magnéfie étrangère à la combinaifon. C'eft dans les fentes de ces
pierres que l'infiltration ou une efpèce de tranfudation raffemble la
terre talqueufe dépurée : elle y eft ou en maffe compacte, ou en lames onctueufes & pliantes qui quelquefois criftallifent en prifmes hexa-
gones très-courts.

La terre talqueufe eft fufceptible de fe combiner enfuite avec la
terre quartzeufe dans l'état naturel, ou d'être diffoute elle-même par
le quartz, comme j'ai indiqué que l'étoient les terres argileufe & muriatique, & c'eft ainfi que fe conftituent les vrais jades (1). Il eft,

---

(1) Les caractères extérieurs ont trop fouvent influé fur les noms que l'on a
impofés aux pierres. Une grande dureté & une grande denfité jointes à une apparence
onctueufe, à une demi-tranfparence graffe, & à une caffure filicée, ont fait donner
le nom de *jade* à des pierres très-différentes entr'elles par leur compofition ; une
apparence réfineufe, une caffure vitreufe, une dureté inférieure à celle des filex
ordinaires & une grande légereté, ont également fait réunir fous le nom de *pierres
de poix* des pierres qui n'ont aucun rapport de compofition ; & ce qui eft affez
fingulier, c'eft que chacune des combinaifons qui ont fourni des pierres nommées
jades, en a donné une de celles appelées pierres de poix. Si je n'aimois mieux
remettre les unes & les autres dans les places qui me paroiffent leur convenir, je
pourrois dire qu'il y a trois efpèces de jades, ainfi que trois efpèces de pierres de
poix ; mais je crois plus convenable pour faire ceffer la confufion qui a régné jufqu'à
préfent entr'elles, de faire rentrer ces pierres dans les genres auxquels elles
appartiennent par leur compofition. Alors je confeillerois de réferver le nom de
jade à la combinaifon jufqu'au point de faturation du quartz avec la terre talqueufe,
& de changer le nom de pierre de poix en celui de *piciforme* ou *réfiniforme*, qui
ne feroit plus cenfé défigner une efpèce particulière de pierre, mais qui exprimeroit
cette modification dans l'aggrégation qui lui donne une apparence de poix, ou de
réfine cuite. Je dirois donc que parmi les pierres confondues fous le nom de jade, il
en eft une qui appartient au genre filicé, & ce prétendu jade n'eft autre qu'une vraie
calcédoine, plus dure, plus denfe & d'un œil un peu plus gras que dans l'état
ordinaire ; il fe trouve fous forme de nœuds dans quelques groupes de calcédoines

je crois, très-essentiel de bien saisir la distinction entre la combinaison ordinaire du quarz avec la terre muriatique & la combinaison du

communes ; il se comporte au feu comme elle, c'est-à-dire, qu'il résiste sans se
fondre à une très-grande chaleur , & il y devient blanc & opaque. Il y a également
une pierre de poix qui doit se placer dans le genre purement silicé , & qui n'est
qu'une calcédoine légère. Lorsqu'elle est pure , elle a une apparence plus gélatineuse
& un peu plus de transparence que la calcédoine ordinaire, avec laquelle il y a
d'ailleurs des nuances insensibles de dureté & de densité qui l'unissent ; & elle se
comporte de même dans toutes les circonstances où la force d'aggrégation ne doit
avoir aucune influence. Les opales me paroissent appartenir à ce genre. Les calcédoines résiniformes se trouvent principalement dans les argiles provenant de la décomposition spontanée de roches plus anciennes. Telles sont les pierres de poix de l'île
d'Elbe , du Piémont , &c. Les bois convertis en pierre de poix jaunes & blanches qui
viennent de Hongrie sont de cette espèce. Ce genre d'aggrégation lâche & d'apparence gélatineuse a des rapports avec l'état du quartz précipité de la liqueur des
cailloux, qui y est également en état de gelée , & qui est tellement amplifié dans son
aggrégation, qu'il arrive à un volume douze fois plus grand que dans l'état ordinaire.
    La pierre à laquelle je réserve le nom de jade est ordinairement un plus opaque
& plus colorée que celle que je viens de laisser parmi les calcédoines; avec une
dureté à-peu-près semblable , elle a un peu plus de densité, une apparence plus
onctueuse. Elle résiste comme elle sans se fondre à un violent coup de feu , mais au
lieu d'y augmenter son opacité, elle y devient un peu plus diaphane , ce qui peut
servir d'indication pour la distinguer pendant l'absence de tout autre caractère. On
trouve ce jade parmi les serpentines & autres pierres magnéfiennes décompos s;
Souvent il est entremêlé d'asbeste & d'amianthe. Mais les mêmes circonstances
fourniffent aussi un faux jade , dans lequel le quartz au lieu d'être combiné avec la
terre talqueuse, la renferme seulement comme mélange, & est simplement empâté
avec elle. Il est cependant quelques caractères extérieurs qui les distinguent ; le
faux jade a une cassure plus vitreuse , une apparence moins onctueuse , & il peut
admettre la cristallisation du quartz, ce qui pourroit faire dire aussi qu'il y a du
jade cristallisé : & quelquefois la même masse réunit le vrai & le faux jade comme
dans les jaspes. Le vrai jade peut avoir un excès de terre de magnésie & de terre
talqueuse dans sa combinaison, & alors il va se réunir aux stéatites dures; ce même
jade avec un peu d'excès de quartz ressemble aux agathes, & quelques-unes des pierres
que l'on nomme agathes vertes & jaspes verds appartiennent à cette combinaison.
    C'est parmi ces mêmes débris de pierres magnéfiennes décomposées que l'on trouve
des pierres d'une apparence vitreuse , demi-transparentes , légères , tendres que
l'on nomme encore pierres de poix , & qui sont un résultat de la combinaison du
quartz avec la terre de magnésie ; elles demanderoient , ainsi que tous les autres
produits de la même combinaison , un nom qui les distinguât des pierres silicées avec
lesquelles on les confond à cause de leur ressemblance extérieure ; elles ont un aspect
gélatineux comme les calcédoines légères, elles affectent comme elles la forme
mamelonnée , & elles résistent également à la fusion. J'ai envoyé en 1786 à mon
excellent ami, M. Picot de la Peyrouse , une suite d'échantillons des serpentines
décomposées de l'Imbrunetta près de Florence, dans lesquelles on voyoit tous les
différens produits de la combinaison de la terre muriatique avec les autres différentes
terres, & dans lesquelles on pouvoit suivre plus particulièrement tous les progrès de
la formation des jades & des pierres résiniformes muriatiques : il les mit de ma part
sous les yeux de l'Académie de Toulouse , & il en fit mention dans un très-bon
Mémoire inséré dans le volume que cette société savante a publié en 1787.

I ij

même quartz avec la terre talqueuse, c'est-à-dire, avec la terre muriatique déjà affociée fous d'autres rapports avec la terre quartzeuse ;

Les pierres réfiniformes de ces deux différens genres font rarement pures, leur tiffu lâche (dû fûrement à quelque circonftance particulière qui détermine ce genre d'aggrégation, mais que je ne connois pas) leur permet d'autant mieux d'admettre des mélanges de toutes efpèces. Elles font fouvent empâtées avec de l'argile qui peut y conferver encore la propriété d'exhaler fous le fouffle l'odeur qui lui eft propre. Plus ordinairement ces fubftances réfiniformes paroiffent avoir imbibé en place des maffes d'argile de différentes couleurs & des chaux martiales, & elles les ont fait d'autant plus participer à leur apparence vitreufe, qu'elles les ont plus abondamment abreuvées, ou que le diffolvant qui les tranfportoit en étoit plus chargé & approchoit davantage de la confiftance gélatineufe qu'il pouvoit avoir eu quelquefois. Il eft à remarquer que dans les maffes d'argile qui ont été ainfi pénétrées par des diffolutions de calcédoines ordinaires, ou par ces efpèces d'extraits gélatineux & réfiniformes, le centre en eft ordinairement plus chargé que les parties extérieures, qui en étant imparfaitement imprégnées, ont encore confervé leur grain terreux & la faculté de happer à la langue. J'ai cru pendant un tems que cette apparence terreufe des furfaces avoit toujours pour caufe un commencement de décompofition qui en avoit altéré l'aggrégation ; mais j'ai reconnu que le plus fouvent cet effet dépendoit d'une efpèce d'abforption, ou de fuccion par des tuyaux capillaires, qui avoient attiré dans le centre aux dépens des parties voifines des furfaces une plus grande quantité de la diffolution, ce que j'ai vérifié en imbibant d'une eau colorée des boules d'argile blanche, qui lorfqu'elles étoient sèches fe trouvoient toujours beaucoup plus chargées de couleurs dans leur centre. C'eft dans ces parties plus opaques & plus terreufes, parce que l'argile y eft imparfaitement agglutinée par la matière filicée, comme auffi dans les écorces qui ont éprouvé un commencement de décompofition, que l'on trouve les pierres dites hydrophanes, parce qu'elles ont la propriété de devenir demi-tranfparentes en abforbant l'eau dans laquelle on les plonge ; & ce mot hydrophane ne devroit également exprimer qu'un accident d'aggrégation auquel font fujettes des pierres très-diffemblables &; de prefque tous les genres.

Le troifième jade qui reffemble aux deux premiers par fon afpect, a un caractère qui le rend facile à reconnoître ; c'eft une extrême fufibilité. Sa compofition d'ailleurs fe rapproche de la nature du pétro-filex ; mais il eft plus furchargé de terre de magnéfie, & renferme auffi de la terre talqueufe. Il eft fufceptible de furabondance de fes parties conftituantes & de mélanges comme toutes les autres pierres compofées : & felon qu'il eft plus ou moins pur, il fe fond en un verre blanc un peu bourfoufflé, ou en émail gris. Les pierres blanches & verdâtres nommées jades qui fervent ordinairement de poignée de fabre en Turquie, celles dont on fait beaucoup d'ornemens dans les Indes, la pierre dite des Amazones, font de ce genre. Il me paroîtroit néceffaire de lui donner encore un nom particulier qui le diftinguât, puifqu'il diffère effentiellement par fa compofition de celui des jades à qui je conferve ce nom, & qui, comme je l'ai dit, eft le produit de la combinaifon du quartz & de la terre talqueufe.

Une pierre réfiniforme extrémement fufible fe rapporte par fa compofition au même genre de pétro-filex ; la propriété de fe fondre en verre extrémement bourfoufflé & blanc, quelle qu'ait été fa couleur, la diftingue des pierres d'un afpect femblable placées dans les genres précédens. Les pierres réfiniformes jaunes, grifes, rouges & brunes qui viennent de Saxe, font de cette efpèce. Quelquefois elles y fervent de bafe à des porphyres, c'eft-à-dire, qu'elles renferment de petits criftaux de feldfpath. D'ailleurs j'ignore quelles font leurs circonftances locales, j'ignore fi c'eft la quoique dans l'un & l'autre cas l'analyfe ne puiffe extraire des deux compofés que des fubftances femblables. Ce genre de furcompofition eft affez commun dans la lithologie, & peut être une fource d'erreur pour ceux qui ne le prennent point en confidération, parce que l'obfervation leur en eft échappée.

Les combinaifons de la terre quartzeufe avec l'argile & de la terre quartzeufe avec la terre muriatique faites chacune à part fe rencontrent quelquefois, fe mêlent & forment encore de ces compofitions affez fréquentes qui doivent également faire le tourment du lithologifte & du chimifte, parce qu'ils y trouvent tous les matériaux qui conftituent des compofitions d'un ordre fupérieur ; ils y obfervent que les différentes terres y font avec les caractères qui annoncent les alliances chimiques, & cependant elles ne donnent point les produits que leur nature & leur proportion fembleroit promettre.

J'ai déjà dit que je ne connoiffois aucune pierre compofée du premier ordre, (c'eft-à-dire bipartie) dans laquelle je pus reconnoître les caractères de l'union chimique & directe entre le quartz & les terres martiales & calcaires. Il eft poffible cependant que leurs combinaifons puiffent fe faire à l'aide de quelques circonftances, mais elles font fi rares que je puis les confidérer comme hors de la marche ordinaire de la nature. Je pafferai donc aux compofitions du fecond ordre ; je parlerai de quelques combinaifons triparties à bafe quartzeufe qui m'ont paru les plus faciles à foumettre à ce nouveau genre d'analyfe ; j'y porterai la même méthode des abftractions, en prévenant cependant que les difficultés augmentent, à mefure que les combinaifons fe compliquent, car les limites des faturations deviennent plus incertaines, les mêlanges y font plus difficiles à diftinguer des vraies combinaifons ; les fubftances aériformes y jouent un rôle plus important, & toutes les conditions à remplir pour obtenir la folution des problêmes lithologiques s'entrecroiffent davantage ; mais ne connoiffant

voie sèche, ou la voie humide qui a produit pour elles ce genre d'aggrégation qui eft également dans les facultés de ces deux agens; mais j'ai trouvé des produits volcaniques parfaitement femblables dans les montagnes du *Padouan* & dans les îles *Ponces*, je les y ai confidérés comme une efpèce de vitrification d'un tiffu lâche, qui, en fe raréfiant encore davantage prenoit des fibres apparentes, & paffoit à la contexture de la pierre ponce, pendant que d'un autre côté elles fe réuniffoient infenfiblement aux vitrifications les plus compactes.

Il ne paroîtra donc pas extraordinaire que les chimiftes de différens pays qui ont analyfé des jades & des pierres dites de *Poix*, ayent obtenu des réfultats fi diffemblables; puifque, outre tous les accidens de mêlange qui font très-fréquens, & qui placent de l'argile dans du vrai jade, ou du calcaire dans une combinaifon filicée, il y a réellement trois genres de compofitions différentes qui fourniffent des pierres à-peu-près femblables par leur afpect & par beaucoup de leurs caractères extérieurs, & que l'on nomme jades & pierres de poix.

encore autre moyen qui équivaille celui-ci , je vais pourſuivre ma tâ-
che. Je ferai remarquer qu'en m'élevant ainſi du compoſé au ſurcom-
poſé , je ne ſuis pas exactement la marche de la nature, qui paroît plutôt deſcendre des combinaiſons compliquées à celles d'une plus grande
ſimplicité. Car les combinaiſons biparties dont je viens de parler appartiennent à un travail bien poſtérieur à celui qui a produit celles
des autres ordres. On ne trouve ni ſilex ni jades réfractaires dans les
montagnes dites primitives , les pierres de ces deux genres ne ſe montrent que dans les matières décompoſées , & dans les couches de
tranſport où elles me paroiſſent avoir été raſſemblées par le ſeul travail de l'infiltration (1).

En ne conſidérant les compoſitions du ſecond ordre que ſous le
rapport du nombre des terres élémentaires néceſſaires à la conſtitution
de chaque pierre, en faiſant abſtraction, ſelon ma méthode, des matières
étrangères ou ſuperflues, & réſervant pour la diſtinction des eſpèces
toutes les modifications particulières que chacune de ces terres éprouve
dans ſon aſſociation avec les autres, ou l'influence que peut avoir dans la
combinaiſon l'état dans lequel elles s'y trouvent, je réduirai à trois
genres les combinaiſons triparties dans leſquelles le quartz eſt une des
ſubſtances conſtituantes eſſentielles ; ſavoir , 1°. quartz , argile &

---

(1) L'origine de ces ſilex ſi communs dans les bancs calcaires & dans les couches
de craie eſt une grande queſtion de Géologie. Sont-ils préexiſtans aux matières dans
leſquelles on les trouve ? S'y ſont-ils formés ? Je ſuis de cette dernière opinion ,
quoiqu'elle paroiſſe la moins vraiſemblable au premier apperçu. L'exiſtence d'une
petite portion de terre quartzeuſe dans les pierres calcaires eſt prouvée par l'analyſe ;
la poſſibilité d'un diſſolvant qui l'attaque ſeule de préférence à la terre calcaire eſt
démontrée par les criſtaux de roche qui ſe trouvent dans les cavités des marbres de
Carare. La combinaiſon qui forme les ſilex me paroît encore plus ſoluble que le
quartz pur. Je crois donc que c'eſt l'infiltration qui a raſſemblé les molécules ſilicées
éparſes dans les bancs calcaires & qui en a rempli des cavités qui y ont laiſſé après
leur deſtruction des corps marins d'un tiſſu très-lâche. Les formes noduleuſes &
bizarres des ſilex ne paroiſſent le plus ſouvent que des jeux du haſard ; mais quelques-
uns auſſi rappellent la figure de pluſieurs corps marins , & c'eſt principalement dans
leur intérieur qu'on trouve des indices non équivoques d'organiſation ; on y reconnoît
le tiſſu des éponges , des madrépores & autres productions de polypiers. Je ne doute
pas que les ſilex ne ſoient venus occuper des places qui leur ont été préparées par des
éponges & par ces animaux pulpeux ſi communs dans les mers , qui reſſemblent
à une gelée , & qui ſous un très-gros volume ne contiennent preſqu'aucune matière
ſolide. L'intérieur des coquilles , & ſur-tout des échinites , ont auſſi reçu l'infiltration
du ſilex , mais il eſt arrivé pour elles un petit phénomène qui tient aux affinités
entre parties ſimilaires : jamais les teſts de ces coquilles n'ont été changés en ſilex ,
mais ils ſe ſont ſouvent convertis en ſpath calcaire , parce que lorſque ces coques
permettoient la libre tranſudation des molécules ſilicées, elles retenoient les molécules calcaires qui leur étoient aſſimilées , & que la diſſolution faiſoit paſſer à portée
de leur ſphère d'activité. Cette explication bien ſimple donne la théorie d'un fait
qui a embarraſſé beaucoup de naturaliſtes.

calcaire; 2°. quartz, argile & muriatique; 3°. quartz muriatique & calcaire. (Je ne connois point de compofition de cet ordre dont le fer foit une des trois matières conftituantes effentielles.)

Le premier genre des compofitions de cet ordre, celui dans lequel le calcaire fe réunit au quartz & à l'argile, eft le plus important de toute la Lithologie, tant par la valeur de plufieurs de fes produits, que par la diffemblance que l'abfence ou la préfence de quelques fluides apporte à fes réfultats; & c'eft principalement ici que je puis appliquer ma maxime fur l'analyfe des pierres, & dire, qu'*il eft plus néceffaire encore de connoître les rapports chimiques où font entr'elles les matières confti- tuantes, qu'il eft plus important de diftinguer & de fpécifier l'efpèce d'alliance qu'elles ont contractée enfemble par l'interméde de quelques fluides ou par leur fouftraction, qu'il ne l'eft de favoir le nombre & les proportions exactes des fubftances folides qu'y découvre leur analyfe; car c'eft l'état particulier de la combinaifon, plus encore que les matières qui y interviennent, qui détermine & fixe réellement la nature du produit.* C'eft donc ainfi qu'appartiennent aux compofitions de ce genre, les pierres les plus denfes & les plus légères, les plus dures & les plus tendres, les pierres inattaquables par les acides & celles qui cèdent aifément à leur action, les pierres qui oppofent le plus de réfiftance à la décompofition & celles qui s'altèrent le plus promptement, les pierres que le feu le plus actif ramollit à peine, & celles dont la fufion eft la plus facile; en un mot, les pierres les plus diffemblables par tous les caractères extérieurs préfentent ici à l'analyfe les mêmes terres conftituantes, ce qui prouve que la Chimie fera d'un très-foible fecours à la Lithologie auffi long-tems qu'elle fe bornera à extraire & à pefer les dofes de chacune des matières compofantes folides, en négligeant les circonftances les plus importantes de la combinaifon, celles qui influent le plus fur tous les réfultats, & qui font que telle pierre eft réellement différente de telle autre, quoique les matériaux en paroiffent à-peu-près femblables (1).

_____

(1) Les naturaliftes qui ne font pas très-familiarifés avec les opérations de la Chimie, & avec fes réfultats, en lifant la fuite de ce Mémoire, croiront peut-être que j'exagère l'importance des fluides élaftiques dans les produits du règne minéral; ils pourroient s'imaginer que je donne trop d'influence à des circonftances qui leur paroîtroient minutieufes, fi je ne les priois de remarquer que les corps les plus diffem- blables par leurs caractères extérieurs ne doivent fouvent les qualités particulières qui les placent à des diftances immenfes les unes des autres, qu'aux mêmes caufes que je fais intervenir pour la formation des pierres. La pyrite qui brille de l'éclat de l'or ne diffère du fel qui a la couleur & la tranfparence de l'émeraude que par une fubftance qui fe fouftrait à nos regards, laquelle, fuivant une des hypothèfes chimiques, eft incoercible, & échappe fous le nom de phlogiftique aux vafes dans lefquels nous voudrions la renfermer, & qui felon l'autre hypothèfe eft un fluide impalpable nommé gaz oxigène. La pyrite martiale perd fon brillant métallique, cède fes formes déri- vées du cube pour prendre d'autres formes dérivées du parallélipipède rhomboïdal,

Les produits les plus remarquables de ce genre de compofition font les pierres dites précieufes ou les gemmes. C'eft encore moins par cette eftime arbitraire qu'elles doivent à leur rareté & qui en a fait tellement monter la valeur, que dans un volume de deux pouces de diamètre on peut concentrer la fortune de dix familles opulentes; c'eft moins à caufe du préjugé qui les place parmi les premiers objets de luxe qu'elles méritent de fixer plus particulièrement l'attention du naturalifte, que par les propriétés qui leur font particulières, favoir, leur dureté, leur éclat, leur denfité, leur réfiftance à l'action des acides, à celle du feu & à la décompofition. Cependant fi on ne confidère que les matières qui les compofent, on eft étonné de n'y voir que les mêmes terres que l'on retrouve dans la marne, dans les pierres & dans les glebes les plus communes; car les analyfes de Bergman, d'Achard, de Wiegleb, prouvent que les gemmes n'ont point de terre particulière comme on l'avoit fuppofé par la difficulté que l'on avoit à féparer leurs principes prochains. C'eft donc dans l'état de la combinaifon des terres qui les conftituent, qu'on doit chercher la caufe des propriétés qui les diftinguent, & cette combinaifon doit avoir des circonftances bien fingulières, puifque les gemmes font fi rares, quoique leurs matériaux femblent être par-tour.

Après avoir examiné dans d'autres compofitions de ce même genre les différences que peuvent apporter dans les réfultats l'abfence ou la

---

change fon opacité en tranfparence, fon infipidité en faveur très-forte, &c. par le fimple déplacement du phlogiftique felon la doctrine de Stahl, par la feule abforption de l'oxigène fuivant le fyftême des gaz. Et ce même acide vitriolique felon qu'il refte plus ou moins chargé de phlogiftique ou d'oxigène fe comporte très-différemment dans fes combinaifons avec d'autres fubftances; il n'a plus les mêmes affinités d'élection, il n'a pas les mêmes termes de faturation. L'acide vitriolique proprement dit adhère fortement à toutes fes bafes, il ne les cède à aucun autre acide; l'acide vitriolique fulfureux fe les laiffe enlever par prefque tous. Le fel fulfureux de Stahl, ou fulfite de potaffe, ne reffemble ni par fa forme, ni par fes autres propriétés au tartre vitriolé ou fulfate de potaffe, quoiqu'ils foient compofés du même alkali & du même acide. L'acide marin dans fes différentes modifications préfente encore des effets plus diffemblables.

L'état des bafes (lorfqu'elles ne font pas forcées à fe fimplifier, dans l'acte de la combinaifon, par l'expulfion des fluides qui leur font propres) a une égale influence fur les compofés. Les alkalis contractent des alliances plus ou moins étroites avec le foufre, felon qu'ils font cauftiques ou aérés. Faits avec des alkalis cauftiques, les foies de foufre font plus bruns, plus fétides, plus permanens, le gaz que les acides en dégagent eft plus inflammable. Les alkalis qui confervent une partie de leur air méphitique dans leur combinaifon avec le foufre, s'enchaînent à lui moins fortement; l'odeur du foie de foufre eft plus foible, fa compofition moins durable; le gaz qu'il donne par l'addition des acides n'eft inflammable que lorfque l'eau de chaux lui a enlevé la portion d'air méphitique avec lequel il eft mêlé, &c. Les exemples de ce genre pris dans les compofitions les plus familières, pourroient être extrêmement nombreux.

préfence

préfence de l'eau ou de l'air méphitique combinés avec la terre calcaire
qui y intervient, je n'ai point vû que ces circonftances (quelques
influences qu'elles aient d'ailleurs) donnaffent aux produits aucun des
caractères qui appartiennent aux gemmes; c'eft donc dans l'état des
autres principes prochains que j'ai dû chercher la caufe de ces qualités
particulières, & j'ai été ainfi conduit à examiner plus attentivement
chacune des deux autres matières conftituantes. En dirigeant plus particulièrement mes obfervations fur le quartz, il m'a paru que nous
n'avions encore que des notions bien imparfaites fur cette fubftance, &
j'ai cru appercevoir dans une des modifications qui lui font particulières
la caufe de la formation des gemmes.

La terre quartzeufe dans l'état où la nature nous la préfente communément, eft-elle une terre élémentaire fimple?

J'ai déjà plufieurs fois témoigné mes doutes fur cette queftion, fans
qu'il m'ait été encore néceffaire de l'approfondir; car lorfque j'ai parlé
du quartz, je n'ai encore eu befoin de le confidérer que tel qu'il exifte
dans les criftaux de roche & dans la plupart de fes combinaifons ordinaires;
réfervant cette difcuffion pour le moment où je traiterois des gemmes,
parce qu'elle m'a paru avoir une relation plus directe avec leur formation.
La phofphorefcence du quartz & l'odeur particulière qui fe développent
par la collifion annoncent la préfence d'une fubftance inflammable; fon
décrépitement lorfqu'on le chauffe (1), fon bouillonnement confidérable lorfqu'on le fond feul par l'action du feu qu'alimente l'air vital, &
le verre plein de bulles qu'il donne pour lors, y prouvent l'exiftence d'un
fluide élaftique (2); mais le phénomène le plus remarquable eft fa grande
effervefcence & fon grand bourfoufflement lorfqu'on le fond avec un des
alkalis fixes, fubftances avec lefquelles il a une très-grande affinité & dans
lefquelles il fe diffout complettement, & ce caractère important lui
appartient à l'exclufion des autres terres élémentaires. Cette effervefcence a été attribuée par la plupart des chimiftes à l'acide méphitique de
l'alkali; mais elle exifte également, quoique moins vive, lorfque le quartz
s'unit par la voie sèche avec les alkalis cauftiques; d'ailleurs les propriétés
de la terre quartzeufe dans le moment où elle fe fépare de fa combi-

---

(1) Le quartz décrépite d'autant plus qu'il eft plus phofphorefcent.
(2) *L'air du feu ou vital fond les pierres quartzeufes plus difficilement que
toutes les autres pierres, avec un bouillonnement remarquable, en globules la
plupart demi-transparens remplis de bulles. Voyez* Ehrmann*, art.* de fufion à
l'aide de l'air vital.

*Le quartz expofé à un courant d'air vital tiré du nitre a commencé à bouil-
lonner au bout d'une minute & demie.* Lavoifier*, Mémoires de l'Académie des
Sciences*, année 1783. Avant eux M. Delamétherie avoit également fait fondre
du quartz par l'air vital, & avoit remarqué fon bouillonnement. *Journal de
Phyfique*, août 1785.

K

naifon avec les alkalis par la précipitation qu'opèrent les acides dans le *liquor filicum*, ne font plus celles de la terre quartzeufe naturelle, & la différence de ces deux états eft fi grande, elle a tellement frappé de très-bons chimiftes, qu'ils ont été jufqu'à croire à la tranfmutation du quartz en terre abforbante ou en argile (1) : ils fe font fûrement trompés dans cette conjecture, mais ils ont bien vu les faits par lefquels ils s'y étoient laiffés conduire, car la même terre quartzeufe qui avant cette opération réfiftoit complettement aux acides les plus puiffans, cède enfuite à l'action de ceux mêmes qui font les plus foibles, ainfi que je le prouverai bientôt.

Plufieurs favans illuftres ont cherché à connoître ce que fournifloit la diftillation du quartz. Les uns en le pouffant feul au feu difent en avoir tiré une huile empyreumatique (2) ; d'autres annoncent qu'ils en ont extrait une liqueur acide d'une odeur fulfureufe (3). Glauber & Stahl, en le traitant avec de la potaffe, dans une diftillation accompagnée de bourfoufflement, en ont tiré une liqueur acide d'une odeur femblable à l'acide muriatique ; mais l'un préfume qu'elle vient de l'alkali, l'autre l'attribue à la matière quartzeufe elle-même. Bergman dit que lorfqu'on recueille la vapeur qui fort de l'effervefcence qu'occafionne l'union du quartz avec les alkalis, on ne trouve que du phlegme & de l'acide aérien (4). Quelque confiance que j'euffe dans les procédés de ces chimiftes, je me doutois depuis long-tems qu'il exiftoit dans le quartz un fluide élaftique qui n'avoit pas été recueilli par eux, & que ce fluide qui fe dégageoit foit pendant la fufion du quartz par l'air vital, foit pendant fon union avec les alkalis fixes, n'étoit pas cet acide aérien indiqué par Bergman ; car en préparant du *liquor filicum* ou en faifant des analyfes de pierres quartzeufes, j'avois obfervé plufieurs fois pendant la plus forte effervefcence, une flamme qui s'établiffoit fur la furface du creufet, & qui paroiffoit confumer une fubftance qui en fortoit (5). Voulant enfin éclaircir mes doutes à ce fujet, trouvant dans la complaifance & dans l'amitié de M. Pelletier les moyens de fuppléer à l'éloignement où je fuis de mon laboratoire, & profitant des lumières, des talens, de l'expérience & de l'exactitude de cet habile chimifte, pour éviter toutes les erreurs & les furprifes qui auroient pu m'égarer fur les réfultats, je fis avec lui dans fon laboratoire les expériences fuivantes:

Nous mîmes dans une cornue d'argile de douze pouces de capacité un mélange de dix gros de quartz porphyrifé & de deux onces de potaffe cauftique concrète ou pierre à cautère, à laquelle nous ne

(1) MM. Geoffroi, Pott, Beaumé, &c. ...
(2) Neuman. *Prælection. Chem.*
(3) Ludovic. *Ephemer. Nat. Cur.* ann. 6 & 7.
(4) Bergman, *de Terra quartzofa.*
(5) M. Pelletier faifant pendant la nuit la préparation de la liqueur des cailloux a remarqué la même flamme fur fes creufets.

laiffâmes pas le temps d'attirer l'humidité de l'air. Nous plaçâmes cette cornue dans un fourneau de reveibère capable de bien chauffer. Nous montâmes l'appareil pour faire paffer à travers l'eau les fluides élaftiques qui fe dégageroient, & nous nous préparâmes à recevoir dans différentes cloches les produits de chaque inftant de l'opération.

·Peu de momens après que nous eûmes placé quelques charbons pour chauffer la cornue, je vis fortir de groffes bulles d'air que je crus appartenir à l'air atmofphérique renfermé dans les vaiffeaux auffi long-temps que je n'en eus que le volume répondant à la capacité de la cornue; mais, excepté les deux ou trois premiers pouces, cet air n'eft plus capable d'entretenir la combuftion des corps enflammés, comme fi tout l'air vital, qui devoit être mêlé avec le refte de l'air atmofphérique, eût été abforbé. Tout ce qui fort donc dans ce premier inftant eft de l'air phlogiftiqué ou gaz azotique, dont la quantité, bien fupérieure à celle que pouvoient contenir les vaiffeaux, monte à près de vingt-deux pouces (**1**). Il y a après cela une petite fufpenfion dans le dégagement qui indique la néceffité de pouffer plus vivement le feu afin d'éviter une abforption dont on voit la menace par l'afcenfion de l'eau dans le tube. Peu après, c'eft-à-dire lorfque le fond de la cornue commence à rougir, il fort de nouveau un fluide élaftique dont la production eft accompagnée de beaucoup de vapeurs blanches aqueufes, & d'une fumée blanche qui ne fe combine pas entièrement avec l'eau en la traverfant, qui remplit les bulles d'air en s'élevant avec elles, qui s'échappe dans la cloche lorfqu'elles y éclatent, & qui y difparoît enfuite. Douze pouces font à-peu-près le volume de ce fecond produit dont la limite eft de nouveau marquée par une fufpenfion dans le dégagement; la crainte de l'abforption eft alors plus grande encore que la première fois, elle exige qu'on foit préparé à introduire de l'air au cas qu'on ne parvienne pas à l'éviter, en augmentant par des foufflets l'activité du feu, d'autant qu'il pourroit y avoir du danger à laiffer arriver de l'eau fur la matière qui eft en fufion dans la cornue. La nature de ce fecond produit eft très-différente du premier. Il brûle entièrement, à l'exception d'une petite quantité qui eft mêlangée d'air fixe & d'air phlogiftiqué. Cet air inflammable détonne avec l'air atmofphérique. Le troifième produit, qui demande une chaleur très-forte, arrive jufqu'à occuper vingt à vingt-deux pouces dans la capacité des cloches, mais les quatre cinquièmes, qui font de l'acide méphitique, en font enfuite abforbés par l'eau au-deffus de laquelle les cinq ou fix pouces

---

(**1**) Les volumes des fluides obtenus dans les différentes expériences font toujours indiqués par des approximations, la mefure très-précife n'en étant pas néceffaire à la recherche qui étoit l'objet principal de notre travail.

reſtans ſe trouvent être un mélange d'airs inflammable & phlogiſti-
qué où ce dernier domine. L'opération finit là ; car on n'obtient
plus aucun dégagement quelque temps & quelque chaleur qu'on donne
enſuite aux fourneaux.

Dans ces différens produits, deux ſont très-remarquables, l'air phlo-
giſtiqué & l'air inflammable ; & je crus reconnoître dans ce dernier air
l'aliment de la flamme que j'avois vue ſur les creuſets où j'avois précé-
demment préparé le *liquor ſilicum*, & que M. Pelletier avoit obſer-
vée dans les mêmes circonſtances. Mais, comme dans toutes les expériences il peut y avoir des ſources d'erreurs qu'on n'apperçoit pas d'abord,
nous crûmes celle-ci trop capitale pour ne pas devoir être répétée.
Nous fîmes donc une ſeconde opération dans. laquelle nous employâ-
mes le même alkali cauſtique ; mais au lieu du quartz nous nous ſer-
vîmes du criſtal de Madagaſcar, pulvériſé. Nous obtînmes les deux
premiers produits ; mais le dernier, celui de l'acide méphitique, fut
preſque nul, parce que le feu fut pouſſé moins vivement, & l'abſorption nous obligea de donner de l'air à l'appareil. M. Pelletier
cependant craignant que malgré le ſoin avec lequel il prépare ſa pierre
à cautère, il ne s'y fût introduit quelques matières qui euſſent pu fournir
l'air inflammable, voulut bien en faire préparer d'autre où il évita
ſcrupuleuſement tous les vaiſſeaux & toutes les matières qui auroient pu
concourir à une pareille production, & notre troiſième expérience, faite
avec une quantité ſemblable de ce nouvel alkali cauſtique & de criſtal de
Madagaſcar, a confirmé l'exactitude du réſultat des deux premières, à
quelque petite différence près dans les volumes des différens gaz (1).

Dans la première & la dernière de ces opérations le réſidu de la
cornue, laquelle n'étoit pas attaquée, étoit une matière vitreuſe blanche,
opaque & bourſoufflée ; dans la ſeconde c'étoit un verre verdâtre tranſpa-
rent, mais les uns & les autres étoient extrêmement cauſtiques, attiroient
fortement l'humidité de l'air, ſe diſſolvoient entièrement dans l'eau, au
fond de laquelle ſe précipitoit une ſubſtance noire, d'un aſpect gras &
fuligineux.

À laquelle des deux ſubſtances appartiennent les produits aériformes
de ces opérations? On ne peut pas douter que les deux premiers airs, le
phlogiſtique & l'inflammable, ne ſoient abſolument étrangers à l'alkali

(1) Je ſuis tenté de croire que ſi nous euſſions pu opérer dans un appareil de
mercure, nous aurions retiré encore un autre fluide qui auroit pu être permanent
dans l'état de ſéchereſſe, mais qui doit ſe combiner en entier avec l'eau. J'ai vu
dans chaque opération & pendant long-tems une eſpèce de bouillonnement à la
ſurface de l'eau au-deſſus de l'extrêmité du tube, je l'ai fait remarquer à ceux qui
étoient dans le laboratoire, il ſembloit dépendre de bouffées de vapeurs qui ſou-
levoient l'eau, & cependant il ne paſſoit rien dans les cloches ; je vérifierai ma
conjecture quand j'aurai à ma diſpoſition un appareil au mercure.

auquel je crois qu'on pourroit attribuer l'acide méphitique, en fuppofant que, quelle que foit l'attention que l'on porte pour le lui enlever entièrement par le moyen de la chaux, il en retient une dernière portion qu'il ne cède que dans l'acte de la combinaifon la plus intime avec la terre quartzeufe ; car quoique quelques chimiftes prétendent que l'azote ou l'air phlogiftiqué foit un des principes prochains ou conftituans des alkalis, il faudroit pour qu'ils le fourniffent, qu'ils fuffent décompofés, & ils ne le font pas dans le cours de ce genre d'expérience, puifque les acides les retrouvent & les reprennent dans la liqueur des cailloux tels qu'ils étoient avant l'opération. Mais il n'en eft pas de même de la terre quartzeufe, c'eft elle qui a éprouvé une altération réelle & très-effentielle lorfqu'elle a contracté fon alliance avec les alkalis. Tous les acides, même l'acéteux, peuvent alors la diffoudre, pourvu qu'ils la prennent au moment où elle fe fépare de la combinaifon ; & c'eft ainfi qu'en verfant plus d'acide qu'il n'en faut pour la faturation exacte de l'alkali, le précipité qui s'étoit fait dans la liqueur des cailloux fe rediffout, & la liqueur redevient claire. Ce phénomène obfervé par la plupart des chimiftes, en excitant leur furprife, avoit fait croire à quelques-uns que la terre quartzeufe avoit changé de nature, puifqu'elle avoit acquis une propriété qui lui eft fi étrangère (1). J'ai même remarqué qu'avec l'acide vitriolique fulfureux, il n'y avoit jamais d'indice ni de commencement de précipitation, parce que l'acide s'empare auffi-tôt de la terre quartzeufe que de l'alkali, ou peut-être même la prend avant de fe combiner lui-même avec l'alkali. Il n'y a point non plus de précipitation par aucun acide lorfque la liqueur eft étendue de beaucoup d'eau, &, felon toute apparence, par les mêmes raifons.

Ce refus de précipiter qu'oppofe à l'action des acides la liqueur des cailloux, délayée dans trois ou quatre fois plus d'eau qu'il n'en faut pour tenir ce fel compofé en diffolution, a embarraffé M. Bergman, parce qu'il vouloit toujours croire le quartz inattaquable par les acides ordinaires ; il a cherché à ce fait une explication, il a cru la trouver dans l'extrême ténuité des molécules quartzeufes qui les auroit empêchées de vaincre la réfiftance du frottement & de fe frayer un paffage à travers la liqueur dont elles ne troubloient point la tranfparence étant elles-mêmes de nature diaphane. M. Bergman n'auroit pas eu befoin de recourir à une explication dont il devoit être lui-même peu fatisfait, fi dans cette liqueur, où il croit que les molécules quartzeufes font en fimple fufpenfion, il eût ajouté une quantité d'alkali fixe aéré, ou d'alkali volatil fuffifante pour faturer l'acide combiné avec le quartz ; alors il auroit vu paroître cette même terre qu'il croyoit déjà féparée de toute alliance, il auroit reconnu

---

(1) Geoffroi, Pott, Beaumé, Macquer, &c.

que ce n'étoit pas la quantité du fluide qui mettoit obstacle à la précipitation, en présentant une trop grande résistancee à la gravitation de ces molécules d'une subtilité extrême ; mais qu'elles ne se précipitoient pas, parce que leur union avec l'acide les rendoit solubles (1).

Si c'est par un alkali caustique que l'on tente de précipiter le quartz qui a été redissous par une surabondance d'acide versé dans la liqueur des cailloux, il faut que la quantité ne surpasse pas ce qui doit s'unir à l'acide ; tout ce qui y seroit superflu réagiroit sur la terre quartzeuse, s'y combineroit & la feroit de nouveau disparoître ; on pourroit ainsi livrer alternativement & aussi souvent qu'on le voudroit la terre quartzeuse aux alkalis fixes caustiques & aux acides, & avoir une succession de dissolution & de précipitation. Mais les alkalis fixes aérés & les alkalis volatils n'ayant presqu'aucune action sur elle, la précipitent sans pouvoir la reprendre.

Je n'ai aucun doute que ce ne soit le quartz qui donne l'air inflammable & l'air phlogistiqué produits dans cette opération. Il me paroît évident que les fluides élastiques, qui se dégagent lorsque le quartz & les cristaux de roche bouillonnent d'une manière remarquable en fondant sous la flamme de l'air vital, doivent être les mêmes que ceux qui se développent pendant la réaction de l'alkali sur la terre,

---

(1) *Hoc phænomenon notatu est dignissimum; en, ni fallimur, rationem. Aqua diluente omnes particulæ siliceæ valde removentur, vel potius subtiliores fiunt per totam hanc massam distractæ. Omni vero voluminis diminutione ampliatur superficies, & cum illa contactus fluidi ambientis. Licet igitur siliceum uti specifice gravius, semper fundum petere debeat, interius tamen in casu presenti resistentiam frictionis vincere nequit, majori enim potentia opus est viæ in descendendo aperiendæ, quàm, quæ locum habet, differentia gravitatum specificarum. Restant igitur siliceæ moleculæ in fluido suspensæ, simulque invisibiles tam ob tenuitatem, quàm ob perluciditatem.* Bergman, *de Terra silicea.*

Il me paroît d'autant plus singulier de voir une pareille explication satisfaire M. Bergman & recevoir des applaudissemens de son illustre traducteur & commentateur, M. de Morveau, qu'immédiatement après, ils rappellent un autre phénomène qui en prouve toute l'insuffisance. La liqueur des cailloux étendue d'une grande quantité d'eau se décompose d'elle-même, & la terre quartzeuse se précipite. Or, comment arriveroit elle à vaincre cette fois-ci un obstacle beaucoup plus puissant que dans l'autre cas, puisque l'eau est encore plus abondante & les molécules en moindre nombre, la précipitation étant successive. M. Bergman prétend que cette décomposition spontanée arrive parce que le menstrue alkalin, affoibli par l'eau, retient moins le quartz, & trouve plus aisément à se saturer d'air fixe dans l'eau ambiante. *Nimia quoque aquæ quantitate liquor silicum decomponitur, hâc enim partim ita debilitatur menstrui alkalini efficacia, ut soluto retinendo fiat impar, partim acido aëreo, aquæ inhærente, satiatur.* En admettant cette explication, j'ajouterai que la terre quartzeuse elle-même reprend aussi la substance dont elle a été privée, & qui contribue pour sa part à faire cesser l'alliance du quartz avec l'alkali.

quartzeufe, les mêmes qui, s'enflammant par l'attrition, donnent la lueur phofphorique & l'odeur d'air inflammable, caractères particuliers du quartz. Il me femble inconteftable que ces deux airs (qui ne font peut-être qu'une fimple modification l'un de l'autre) font par eux-mêmes ou par leurs radicaux des principes conftituans effentiels au quartz, dans l'état où la nature nous le préfente communément, puifque, d'indiffoluble qu'il eft pour lors, il devient, par la privation de ces airs, fi fufceptible de combinaifons avec ces mêmes acides, qui antérieurement n'auroient eu aucune action fur lui dans quelqu'état de divifion qu'on le leur eût livré. Réduite à fes principes fixes, la terre quartzeufe eft dans un état femblable à celui des autres terres élémentaires privées des fubftances élaftiques qui font affociées avec elles dans leur état naturel ; & acquérant pour lors une plus grande tendance à la combinaifon, elle jouit de cette caufticité qu'elles perdent toutes en réabforbant celui des fluides aériformes qui leur convient ; fi la chaux retrouve dans l'air atmofphérique où elle eft expofée, l'acide méphitique qui la reconftitue terre calcaire, il paroît que la terre quartzeufe cauftique peut reprendre dans l'eau même où elle féjourne (en la décompofant fans doute), l'air inflammable qui lui appartenoit, ou plutôt la fubftance qui en acquiert les propriétés lorfque la chaleur aide à fon développement ; car la terre quartzeufe, précipitée de la liqueur des cailloux, refte peu de tems diffoluble par les acides ; il femble, dis-je, qu'elle retrouve dans l'eau même la fubftance qui peut la rétablir dans fon état le plus naturel. Au moment de fa précipitation on la voit s'entourer de petites bulles d'air, qui groffiffent avant de s'élever & de venir quelque tems après éclater à la furface de la liqueur. La chaleur hâte ce petit phénomène qui ceffe bientôt & qui laiffe la terre quartzeufe en état de réfifter à l'action des acides autant que le quartz porphyrifé, &, lorfqu'après l'avoir féchée, on la fond de nouveau avec les alkalis, elle produit la même effervefcence qu'avant ces manipulations.

Quoique ce foit bien réellement une fubftance élaftique qui s'échappe du quartz lorfqu'on le fond feul par un feu très-actif, ou lorfqu'on le combine avec les alkalis ; quoique j'aie reconnu dans cette fubftance aériforme les propriétés de l'air inflammable & de l'air phlogiftiqué ; je ne dis pas, je ne crois pas qu'elle réfide précifément dans cet état & avec ces mêmes propriétés dans le quartz, c'eft fans doute l'action de la chaleur qui les lui donne ; car l'air inflammable ne fauroit rentrer dans le quartz, comme l'air méphitique rentre dans la chaux, auffitôt qu'elle lui eft préfentée. Les nouvelles propriétés qu'il a acquifes pendant l'opération à laquelle il doit fon développement, le rendent en quelque forte étranger à l'hofpice dont il eſt ſorti , & il ne produit ni n'éprouve aucun effet ſenſible lorſqu'on le fait paſſer à travers la liqueur des cailloux , ou lorſqu'il ſéjourne deſſus. Il ne la précipite pas , parce que dans ce nouvel état il ne ſauroit ſe recombiner avec la terre quartzeuſe & la ſouſtraire à l'action des alkalis. Il n'en eſt pas ainſi de l'air méphitique que l'on fait paſſer dans cette même diſſolution, & qui, rentrant dans l'alkali , le rend inhabile à conſerver la terre quartzeuſe, laquelle ſe précipite dans un état de cauſticité où elle peut être repriſe par les autres acides.

En diſant que l'air inflammable n'exiſte pas tel dans le quartz, je n'en dois inſiſter que plus fortement encore ſur l'opinion où je ſuis que c'eſt bien lui qui en contient les principes prochains , que c'eſt lui qui renferme la baſe de cette ſubſtance que le feu vient enſuite completter ; j'aurois pu l'attribuer à l'alkali ſi l'opération l'eût décompoſé ; j'aurois pu le croire un produit de la portion d'eau adhérente à ce ſel, occaſionné par l'abſorption de l'oxigène qui auroit laiſſé l'hydrogène en liberté , ſi aucun autre phénomène n'eût répandu des lumières ſur celui-ci : mais rien d'étranger au quartz ne concourt avec la chaleur au dégagement d'air qu'il éprouve lorſqu'il bouillonne vivement en fondant ſous la flamme de l'air vital , rien que lui-même ne fournit la baſe du fluide qui pour lors le bourſouffle , comme lui ſeul fournit & la lueur phoſphorique (1) , & l'odeur d'air inflammable qu'il donne par la colliſion (2).

---

(1) M. le chevalier de Lamanon regardoit auſſi la phoſphoreſcence du quartz comme un ſigne de combuſtion, & de ce ſeul caractère il concluoit que le quartz étoit un corps combuſtible. *Un quartz frappé d'un autre quartz tire* , dit-il , *de lui-même le feu qui le conſume , & on ne peut pas ſuppoſer que les étincelles qu'il donne & le grand feu qu'il produit ſoient alimentés par des ſubſtances étrangères à ſa compoſition. En frappant deux quartz l'un contre l'autre de manière à recevoir ſur un papier blanc tout ce qui tombe , on voit , dans le detritus , de petits corps noirs , qui frottés ſur le papier y laiſſent une trace ſemblable à celle du charbon , & qui examinés au microſcope paroiſſent vitrifiés & ſcorifiés.* Voyez le *Journal de Phyſique de juillet* 1785.

(2) Si, comme je n'en doute pas , une portion du diſſolvant, quel qu'il ſoit, doit néceſſairement reſter unie avec la ſubſtance diſſoute lorſqu'elle criſtalliſe , je crois trouver dans la compoſition du quartz un nouvel appui à l'opinion que j'ai établie au commencement de ce Mémoire, ſur le diſſolvant du quartz ; il me ſemble y voir une nouvelle indication ſur la nature de cette ſubſtance qui donne à l'eau la faculté de tranſporter ſans ceſſe la terre quartzeuſe d'un lieu dans un autre , & qui agit toujours dans le ſilence & l'obſcurité de l'intérieur des montagnes. La compoſition de ce diſſolvant doit être bien facile , puiſque la nature l'emploie journellement ; ſa décompoſition doit être bien ſubite, puiſque nous ne le retrouvons jamais. Le quartz ainſi que le ſpath calcaire ſont ſûrement tranſportés dans l'état aéré , chacun par le diſſolvant qui lui convient ; car quoique la chaux ſe ſépare beaucoup plus aiſément que le quartz de la ſubſtance aériforme qui la conſtitue terre calcaire, ce n'eſt jamais dans ſon état cauſtique qu'elle eſt charriée par les eaux , à moins qu'elle ne ſoit en com-

J₄

Je pourrois rapporter d'autres obſervations, j'aurois fait de nouvelles
expériences, je me livrerois peut-être au développement de quelques

---

binaiſon avec des ſubſtances qui exigent le départ de ſon acide aérien ; c'eſt toujours
dans l'état de ſaturation qu'elle arrive dans les lieux où elle doit criſtalliſer. La
terre calcaire eſt le plus ſouvent diſſoute par la ſurabondance de ce même acide
méphitique qui eſt un de ſes principes conſtituans. C'eſt par la diſſipation de cette
ſubſtance excédente qu'elle ſe précipite, & non par l'introduction d'une ſubſtance
étrangère qui feroit ceſſer ſa ſolubilité ; car on ne feroit pas criſtalliſer du ſpath
calcaire en rendant de l'acide méphitique à l'eau de chaux, comme on peut le faire
en laiſſant diſſiper lentement la portion de cet acide qui lui donnoit la faculté de
s'unir à l'eau dans un état ſemblable à celui où elle eſt dépoſée. Les eaux hépatiques
ne forment que des concrétions calcaires amorphes, d'un tiſſu lâche & d'un grain
terreux ; les eaux gazeuſes les donnent ſouvent criſtalliſées & preſque toujours d'un
tiſſu ſerré & d'un grain ſpathique. Si, comme je le crois, les opérations de la
nature ſur le quartz ſont analogues à ſa manière de traiter la terre calcaire, il me
par il néceſſaire qu'un des principes conſtituans du diſſolvant de la terre quartzeuſe
ſoit une ſubſtance ſemblable à ce le qu'il renferme dans ſa compoſition, & modifiée
à-peu-près de même ; & je ſuis perſuadé que ce diſſolvant pour maintenir ſon
activité, a beſoin de la privation de la lumière, car ce n'eſt pas ſans étonnement que
je remarque depuis long-tems que jamais aucune eau qui coule à la ſurface de la
terre n'attaque le quartz, aucune n'en tient en diſſolution, pendant que celles qui
circulent intérieurement le corrodent auſſi ſouvent qu'elles le dépoſent. Seroit-ce la
lumière qui fait diſparoître ce diſſolvant ? Seroit-ce elle qui ſe combinant avec lui,
lui donneroit des ailes, comme le feu en donne à la ſubſtance qui eſt une des parties
conſtituantes du quartz ? Cette ſubſtance deviendroit-elle air inflammable avec plus de
facilité lorſqu'elle ne tient au quartz que par ſurabondance, que pour le diſſoudre,
& ſe diſſiperoit-elle à l'aſpect du jour comme l'air méphitique qui diſſout le ſpath
calcaire, s'échappe à la préſence de l'air atmoſphérique ? Seroit-ce par cette raiſon
que le diſſolvant du quartz s'eſt ſouſtrait juſqu'à préſent à la connoiſſance des hommes,
pendant que loin de ſes regards il prépare paiſiblement pour lui les criſtaux de roche
& les pierres précieuſes, & qu'il les dépoſe dans les cavités des montagnes ? Ceux qui
connoiſſent l'influence de la lumière ſur différentes ſubſtances ne trouveront peut-
être pas mon opinion à cet égard trop extraordinaire ; n'eſt-ce pas elle qui contribue
à la formation des matières combuſtibles dans les végétaux ?

Ce qui me paroit certain, c'eſt que le diſſolvant du quartz n'eſt pas l'acide méphitique, comme l'ont cru quelques habiles chimiſtes. Par aucune manipulation je n'ai
pu le faire agir ſur la terre précipitée de la liqueur des cailloux, quoique l'extrême
diviſion dût faciliter ſon effet ; d'ailleurs le *diſſolvant actuel* du quartz ne doit pas
être celui de la terre calcaire, puiſqu'il extrait la terre quartzeuſe du mélange des
terres crétacées ſans toucher à elles. Ainſi ſe forment les ſilex des craies de Champagne
& de Normandie, & les criſtaux de roche des marbres de Carare & ceux des géodes
marneuſes du Dauphiné. Ainſi des eaux chargées de terre quartzeuſe viennent revêtir
& incruſter avec de petits criſtaux de roche, des criſtaux de ſpath calcaire ſans cauſer
la moindre corroſion à leur ſurface. (J'ai dit le *diſſolvant actuel* pour ne pas
confondre les opérations de la nature poſtérieures à la formation de nos continens
avec ce procédé beaucoup plus ancien par lequel toutes les matières de la ſurface
du globe étoient tenues en diſſolution, & qui avoit les mêmes facultés ſur toutes les
eſpèces de terre.) Je crois que c'eſt parce que maintenant ils n'ont pas un diſſolvant
commun que la terre quartzeuſe & la terre calcaire ne ſe combinent jamais directe-

L

idées théoriques, fi le quartz étoit le principal de ce Mémoire, fi
j'avois eu d'autres motifs en faifant cette efpèce de digreffion, que de
fournir des preuves fur l'état de compofition d'une fubftance regardée
comme fimple par la plupart des naturaliftes & des chimiftes; mon unique
but étoit de montrer la terre quartzeufe, non pas changée de nature, mais
changée dans fa manière d'être la plus ordinaire lorfqu'elle fe fépare des
alkalis avec lefquels elle a été combinée; j'ai voulu indiquer pour elle
deux états différens qui peuvent influer diverfement fur les compofitions
naturelles dont elle fait partie. Ce que je viens de dire me paroît donc

---

ment enfemble, quoique leurs melanges foient fi fréquens, & quoique par la voie
sèche ces deux terres aient une très-grande action l'une fur l'autre.

Si l'acide méphitique a pu contribuer dans quelques occafions à la diffolution du
quartz, ce n'eft point directement, ce n'eft pas en agiffart lui-même, mais c'eft lorfqu'il s'uniffoit à une autre fubftance en remplacement du principe qui pouvoit agir fur
le quartz, ou en hâtant fa formation d'une manière quelconque. Je ne puis affez
m'étonner que M. de Morveau ait continué à croire à la diffolubilité du quartz par
l'acide méphitique, ou plutôt qu'il ait pu regarder cet acide *comme le principal
agent de cette diffolution*, & qu'il ait dit (dans l'article *Acide vitriolique* de
l'Encyclopédie méthodique) *que le quartz eft diffous à la longue par l'eau chargée
de gaz méphitique & de fer*. Il auroit pu remarquer dans les expériences qu'il a
tentées à cet égard, & dort il donne les détails dans l'article *Acide méphitique*, une
circonftance bien frappante, qui auroit dû répandre du jour fur la queftion qui
l'occupoit. Il avoit mis dans quatre flacons pareils de l'eau très-chargée d'acide
méphitique avec des fragmens de criftaux de roche, mais dans le fecond flacon, il
avoit ajouté de la terre d'alun, dans le troifieme de la terre calcaire aérée, dans le
quatrième un petit lingot de fer. Au bout de neuf mois, les trois premiers flacons ne
d nnoient aucun indice de changement : on ne voyoit aucune corrofion fur le
quartz, aucun nouveau produit; mais dans celui où le criftal de roche étoit affocié
au fer, le fer & le quartz étoient attaqués, l'un & l'autre fe trouvoient diminués de
poids après qu'on en eut ôté la rouille abondante dont ils étoient couverts. De très-
petits criftaux de quartz y furent découverts, ils adhéroient au fer fur lequel ils
s'étoient formés, & étoient prefqu'enfevelis dans fa rouille. On voit clairement dans
cette expérience que ce n'eft point l'acide méphitique qui a agi fur le quartz,
puifqu'il l'a refpecté dans les trois autres flacons; la condition néceffaire à la
formation de ces très-petits criftaux a été le fer. C'eft donc lui qui a fourni l'agent de
cette opération; il auroit agi de même fans l'intervention de l'acide méphitique,
comme nous en avons journellement des exemples. Si cet acide a eu quelqu'influence,
c'eft tout au plus en hâtant la rouillure du fer; car c'eft en fe rouillant, ainfi que je
l'ai déjà dit au commencement de ce Mémoire, que le fer corrode les criftaux de
roche, ou, pour parler le langage de la nouvelle théorie chimique, c'eft lorfque le fer
s'oxigène par la décompofition de l'eau, que l'air hydrogène ou fes principes prochains
agiffent fur le quartz d'une manière quelconque & contribuent à fa folution dans l'eau.
Mais cette action réciproque du fer fur le quartz, & du quartz fur le fer, ceffe lorfque
le quartz eft combiné avec un alkali; j'ai remarqué, par exemple, avec furprife que
le fer ne s'altéroit pas, n'éprouvoit aucune efpèce de rouille dans la liqueur des
cailloux, même aidé par la chaleur, il y conferve fon éc'at métallique dans fa plus
grande vivacité; & l'on fait qu'il s'altère très-facilement dans l'eau pure, & plus vite
encore dans une eau alkaline.

Ce qui nous a peut-être encore éloignés de la connoiffance du diffolvant du quartz,

fuffire maintenant à l'ufage que je prétends faire des propriétés particulières attachées à chacune des modifications de la terre quartzeufe (1).

Si la réunion de tous les phénomènes fur lefquels j'appelle l'attention
des naturaliftes me fait conclure la compofition de la terre quartzeufe
telle qu'elle exifte dans les criftaux de roche & dans la plupart des
pierres du même genre, je ne dois pas croire que la terre argilleufe foit
la feule qui dans l'état de nature fe refufe à toute combinaifon avec les
fluides aériens ; je ne puis pas fuppofer qu'elle faffe feule une exception
de la loi à laquelle cèdent toutes les autres terres, & qui les met en relation avec les différens élémens. Il me paroît impoffible qu'elle puiffe fe
maintenir dans un état de fimplicité abfolue qui paroît répugner à la
nature. Mais quel eft fluide le plus approprié à la terre argilleufe ?
L'eau feule fuffiroit-elle pour fatisfaire à ce befoin d'alliance inhérent
à chaque molécule de matière folide ? Et quelles font les propriétés qui
diftinguent les différentes modifications dont la terre argilleufe eft
fufceptible & qu'elle reçoit ou par la faturation ou par la privation de
la fubftance qui lui eft appropriée ? Pour arriver à la folution de ces

c'eft que nous l'avons cherché parmi les acides, c'eft que nous avons cru le trouver
parmi les fubftances qui font une vive impreffion fur d'autres matières, ou qui
affectent nos organes par une forte faveur ou par de la caufticité. Mais ce diffolvant
peut être tellement approprié au quartz, qu'il n'ait d'action fenfible que fur lui,
ou fur les pierres qui le contiennent. Je répéterai donc encore que toutes les
indications fe réuniffent pour diriger nos recherches à cet égard vers les combinaifons phlogiftiques, vers celles d'où le feu développe auffi de l'air inflammable. Les
criftaux de roche font fouvent noircis & rendus opaques par une matière graffe qui
femble y être un refte du menftrue dans lequel ils fe font formés. La chaleur diffipe
cette fubftance phlogiftique & rend aux criftaux leur blancheur & leur tranfparence.
Tous les filex contiennent auffi une matière graffe qui en tranffude lorfqu'on les
expofe au feu, & qui fe diffipe en les laiffant opaques quand la chaleur a été affez
forte pour les faire rougir. Si, comme je n'en doute pas, c'eft parmi les combinaifons du phlogiftique ou des fubftances combuftibles qu'il faut chercher le principe
qui donne à l'eau la faculté de diffoudre le quartz, il impo te beaucoup d'avoir égard
à l'action de la lumière, qui je le répète, me paroît influer puiffamment fur ce genre
de procédé, & la nature femble fufpendre fes opérations les plus importantes dans le
règne minéral auffi-tôt que le jour vient percer l'obfcurité de fes laboratoires.

(1) J'ajouterai encore une réflexion en faveur de l'état de compofition de la terre
quartzeufe, & je la tirerai de fon inertie. L'infipidité du quartz, fon infolubilité, fa
réfiftance ou fon indifférence à toute combinaifon répugnent à l'idée que nous avons
d'une fubftance fimple, & font contraires à nos notions fur la manière dont agiffent
les affinités. Cette modification de la force d'attraction qui tend à enchaîner enfemble
les différens élémens, & à laquelle la nature doit la variété de fes productions dans
fes trois règnes, ne peut paroître fans énergie qu'auıant qu'elle s'exerce dans quelque
combinaifon, & qu'elle y eft en quelque forte raffafiée ; la force d'agrégation peut
modérer, peut quelquefois balancer fon action, mais ne fauroit l'anéantir. Cette
feule confidération m'auroit convaincu de la compofition de la terre quartzeufe dans
l'abfence même de toutes les obfervations qui viennent à l'appui de cette opinion.

queftions, il faudroit des expériences très-délicates que ni moi, ni aucun des chimiftes dont j'ai pu confulter les ouvrages n'avons faites. La terre de l'alun, au moment où elle fe précipite de fa combinaifon avec l'acide vitriolique, peut s'unir à une petite quantité d'acide méphitique ; mais ce fluide aériforme lui adhère fi peu que l'expofition à l'air libre & une foible chaleur fuffifent pour le lui enlever. Il ne lui eft donc pas naturel, c'eft donc une alliance accidentelle qu'elle contracte au défaut de toute autre, alliance qui n'eft plus poffible lorfque cette terre a été fechée & durcie. ou qu'elle a féjourné quelque tems dans l'eau. D'ailleurs quoique la terre qui eft dans les argiles ordinaires & celle qui fert de bafe à l'alun foient identiquement les mêmes, elles n'ont pas exactement les mêmes propriétés ; celle-ci fe combine aifément avec prefque tous les acides, l'autre préfente quelques difficultés pour s'unir à eux, elle demande un certain tems, elle exige une efpèce de préparation dans laquelle l'air joue un rôle, avant de céder à l'action de l'acide vitriolique. Ce n'eft pas en les immergeant dans cet acide où elles feroient reftées intactes, que M. Bayen eft parvenu à extraire l'argile de beaucoup de pierres compofées, mais par un moyen auffi fimple qu'ingénieux, en baignant la furface de ces pierres avec quelques gouttes d'acide vitriolique, & en les livrant enfuite à l'air & au tems qui travaillant conjointement produifoient à la longue une efflorefcence faline dans laquelle il retrouvoit enfuite toutes les terres fufceptibles de combinaifon avec l'acide. J'ai lieu de croire qu'alors l'air fournit quelque chofe qui concourt à la diffolution de la terre argilleufe, puifqu'on voit des preuves d'abforption lorfqu'on laiffe opérer la vitriolifation fous une cloche pleine d'air & repofant fur l'eau. N'ayant pour le préfent aucune autre idée nouvelle ni aucune expérience précife à préfenter fur cet objet, je me bornerai à cette foible indication, d'autant que j'ai des raifons pour préfumer que c'eft toujours dans l'état de fimplicité, c'eft-à-dire, exempte du fluide quelconque qui peut lui appartenir, que la terre argilleufe intervient dans les combinaifons ; car la réabforption de ce fluide, qui rend à l'argile fa tendance à s'unir à l'eau, eft une des caufes les plus puiffantes de la décompofition naturelle de la plupart des pierres. L'argile reprend pour lors l'odeur particulière qu'elle développe lorfqu'elle eft légèrement humectée ; odeur qui s'éteint entièrement dans l'acte de la combinaifon, mais qui fe conferve dans les fimples mélanges (1).

Quoique le diamant foit la première des gemmes (en donnant à ce

_____

(1) En préfumant que le refus de combinaifon directe entre la terre calcaire & la quartzeufe, venoit de ce qu'elles n'avoient pas de diffolvant commun, je fuis induit à croire que le diffolvant naturel du quartz eft auffi celui de la terre argilleufe, puifque leurs combinaifons font fi fréquentes, & fans un véhicule commun elles ne pourroient pas exercer leur action l'une fur l'autre.

mot fa fignification ordinaire), je ne parlerai pourtant pas de lui, puifqu'il eft d'une nature entièrement différente des autres. L'expérience nous a appris qu'il étoit inflammable, qu'il brûloit à la manière des autres corps combuftibles ; mais nous ne connoiffons pas la bafe fur laquelle eft fixée la fubftance inflammable qu'il renferme (1). Après fa défla-gration, tout eft diffipé, un éclat vif annonce le dernier inftant de fon exiftence, & en vain on cherche enfuite quelques traces de ce qui avoit pu le former. Il peut fervir d'emblême à toutes les vanités du monde. Les autres gemmes font d'une bien moindre valeur, mais au moins pouvons-nous recueillir les principes qui les ont conftituées ; au moins nous refte-t-il encore un peu de terre, lorfque nous avons dérangé l'ordre auquel elles devoient & leur éclat & leurs brillantes couleurs.

De tous les caractères qui diftinguent les gemmes, celui que je prendrai principalement en confidération refulte de la manière dont elles fe conduifent par la voie sèche avec les alkalis fixes. D'abord elles réfiftent beaucoup plus à leur action que ne le fait aucune autre des pierres qui contiennent de la terre quartzeufe ; ce qui prouve que cette terre exerce ici une force d'affinité fur les autres terres qui balance fa tendance avec les alkalis, ou leurs efforts fur elle ; & comme les affinités font réciproques, les autres matières conftituantes réfiftent éga-lement à l'action des acides & des autres fubftances qui leur font les plus appropriées. Cette énergie des affinités, cette force de compofition qu'ont ici les terres indiquent évidemment une caufe particulière &

---

(1) Auffi long-tems que l'analyfe & la fynthèfe refufent de répandre leurs lumières fur certains objets, il eft permis de fe livrer à des conjectures, fur-tout quand on les préfente pour ce qu'elles font fans aucune prétention à leur donner de l'importance. C'eft donc ainfi que je hafarderai quelques doutes fur la nature du diamant.

Le diamant, felon les expériences de M. Bergman, élude l'action de tous les acides ; cependant en traitant fa poudre avec de l'acide vitriolique, ce chimifte croit avoir obtenu quelques indices de l'extraction d'une matière graffe par des pellicules noires qui reftent après l'évaporation, qui brûlent & fe confument prefqu'entièrement. L'action des alkalis fur la même poudre lui a fait préfumer qu'elle avoir pour bafe un peu de quarz, mais fortement enchaîné. *Silicei quidquam ineffe, fed firmiffime irretitum.* Les diamans ne différeroient-ils donc du quarz que par une furabondance de matière inflammable, que par une efpèce de furfaturation de cette même fubftance dont nous avons prouvé l'exiftence dans le quarz, & à laquelle il doit une partie des propriétés que nous lui avons reconnues? Le diamant dont la phofphorefcence & l'électri-cité font fi grandes, auroit-il une même bafe que le quarz qui eft lui-même électrique & phofphorefcent : & une quantité infiniment petite de cette bafe fuffiroit-elle pour concentrer une telle abondance de fubftance inflammable & pour l'enchaîner avec une extrême force? N'y auroit-il entr'eux qu'une différence dans les proportions, & le diamant feroit-il en quelque forte au quarz ce que le foufre eft à l'acide vitriolique ? La phofphorefcence du quarz avoit auffi décidé M. de Lamanon à lui réunir le diamant.

ntrinsèque qui ne se trouve pas dans les autres combinaisons. Les gemmes sont ensuite les seules des pierres contenant de la terre quartzeuse, qui s'unissent aux alkalis sans la moindre effervescence. Ces caractères sont si frappans que M. Bergman s'en sert pour reconnoître les particules des gemmes qui n'ont pas été décomposées, & pour les distinguer des molécules quartzeuses qui sont restées sur le filtre, après que les acides ont emporté toutes les terres solubles par eux (1). Cependant la terre quartzeuse des gemmes pendant la préparation qui précède l'analyse & qui est absolument nécessaire pour rompre ses liens, s'unit aux alkalis & devient avec eux soluble dans l'eau, de la même manière qu'elle l'est dans la liqueur des cailloux ordinaires. Où est donc ici la substance qui lui est adhérente dans son état naturel & qui occasionne sa vive effervescence lorsqu'on la soumet à l'action des alkalis ; substance qu'elle conserve & qui la fait bouillonner avec eux, lors même qu'elle est combinée avec les autres terres qui unies à elle constituent les feld-spaths, les schorls, les micas, &c. En comparant donc ce qui se passe dans l'acte de l'union des gemmes avec les alkalis, avec ce qui arrive entre les autres pierres quartzeuses & ces mêmes alkalis, voyant qu'en les séparant ensuite je trouve dans les résultats de l'une & de l'autre opération la terre quartzeuse dans un état absolument semblable, & rapprochant tous les phénomènes que j'ai observés dans mes expériences sur le quartz, je reste convaincu que la terre quartzeuse des gemmes y est dans un état caustique pareil à celui où elle est lorsqu'après avoir été précipitée de la liqueur des cailloux par les acides, elle peut être reprise par les alkalis sans occasionner d'effervescence ; & cette seule circonstance me paroît suffisante pour donner aux gemmes toutes les propriétés qui les distinguent des autres pierres composées. Le quartz caustique, ainsi que toutes les substances qui sont réduites au dernier état de simplicité, exerce une plus grande tendance à l'union, il adhère avec d'autant plus de force aux autres terres qu'il ne s'est encore épuisé d'aucune manière en contractant d'autres alliances ; il en admet une quantité d'autant plus grande à sa combinaison, qu'il n'a reçu aucune autre association. Ainsi les termes de la saturation ne doivent plus être

---

(1) *Hæc residua insolubilia aut gemmeas moleculas, nondum satis divisas, promunt, aut silicea sunt, omnes enim aliæ terræ, hactenus notæ, acidorum vi cedunt. Tubo ferruminatorio negotium facile hoc modo peragitur. In cochleari argenteo fundatur globulus alkali mineralis, eidem addatur residui exilis portiuncula, & probe observetur coalitionis momentum. Si nempe hæc globulum fusum intrat cum vehementi effervescentia, totaque subito solvitur, vere silicea est, si autem sine ebullitione globulum intrat, & dein intra illum diu instar pulveris circumagitatur, quod in massa, sub fusione perlucida facile dicernitur, adhuc particulas gemmeas esse hinc concludere licet.* Bergman. de Terra gemmarum, §. V. M.

les mêmes pour la terre quartzeuse cauftique que pour celle qui eft
faturée du fluide ou de la fubftance qui lui eft appropriée ; & comme
entre ces deux points extrêmes, il peut y avoir beaucoup de nuances
intermédiaires, ainfi qu'il en exifte dans l'acide vitriolique relativement
à fa phlogiftication ou oxidation, il n'eft pas douteux qu'il n'y ait pour
la terre quartzeufe des termes de faturation également relatifs à la
force des affinités de fes différentes modifications.

Les pierres nommées gemmes font très-nombreufes ; l'analyfe a décidé que dans toutes celles qui méritent cette qualification les terres
quartzeufes, argilleufes & calcaires en font les parties conftituantes
effentielles. Ces terres y font dans différentes proportions fans qu'on
foit autorifé à inférer de cela feul qu'il y ait furabondance de quartz
dans les unes, d'argile dans les fecondes, ou de calcaire dans les
troifièmes ; pas plus qu'on ne doit fuppofer qu'il y a excès d'acide
dans le fel fulfureux de Stalh ou excès de bafe dans le tartre vitriolé,
parce que ces deux fels préfentent en différentes proportions les fubftances femblables dont ils font compofés, & qui y font feulement un peu
différemment modifiées. Chaque gemme contient évidemment tout ce
qui eft néceffaire à fes affinités particulières, lefquelles dépendent certainement de l'état où fe trouve chacune des fubftances conftituantes. Il faut
remarquer que toutes les gemmes ont une limpidité qui annonce une
combinaifon parfaite ; que pour criftallifer, elles ont toutes paffé par
des filtres naturels qui ont dû les purger de tout ce que les affinités n'y auroient pas fortement enchaîné, & fur-tout qu'elles ne
dégénèrent pas les unes dans les autres ; car nous verrions la topafe
fe changer en rubis, l'émeraude prendre la dureté, la denfité & les
formes du faphir ; nous verrions toutes les gemmes fe tranfmuter les
unes dans les autres, s'il n'y avoit pas des limites qui les continffent invariablement dans leurs efpèces refpectives, & s'il étoit poffible que, par une efpèce de dépuration plus complette, elles acquiffent
dans leur compofition un degré fucceffif de perfection qui les ramé-
neroit toutes à une feule efpèce. Je prie de ne pas perdre de vue que
je n'ai jamais prétendu dire que ce fût en comparant deux pierres qui
ont des modes différens d'exiftence, quoique compofées des mêmes
élémens folides, que l'on pourroit fuppofer dans l'une excès ou déficence d'une des matières conftituantes, parce qu'elle s'y trouveroit en
plus ou moins grande quantité ; mais c'eft en comparant deux pierres
de la même efpèce dont j'aurois préalablement bien déterminé les qualités effentielles. En obfervant, par exemple, deux grenats, dont l'un
eft opaque & l'autre tranfparent, l'un agit fortement fur l'aiguille aimantée, l'autre ne fait fur elle aucune impreffion, l'un s'altère facilement à l'air, l'autre y réfifte, je pourrois dire qu'il y a un excès ou
d'argile ou de fer, qui éloigne l'un de l'état d'une compofition par-

faite à laquelle l'autre est arrivé. Mais je ne mettrai pas en oppofi-
tion un grenat & un fchorl, pour dire du fecond qu'il y a un excès
d'argile, pour cela feulement qu'il fe trouveroit en contenir plus que
le premier.

Quoique la terre calcaire foit certainement effentielle à la compofition des gemmes, puifqu'on la trouve dans toutes, elle participe
moins que les deux autres à cette grande énergie de l'affinité qui rend
leur alliance prefque indiffoluble ; car elle cede beaucoup plus aifément à l'action des fubftances étrangères ; les acides aidés de la digef-
tion & de l'ébullition l'arrachent fans beaucoup d'efforts à cette combinaifon, fans que les liens qui uniffent enfemble les terres quartzeufes
& argilleufes en paroiffent affoiblis. La difficulté de féparer ces deux
dernières terres, après même que la terre calcaire & la terre ferrugineufe en avoient été extraites, avoit maintenu pendant long-temps
M. Bergman dans l'opinion qu'il exiftoit réellement une terre primitive, particulière aux gemmes, & il l'avoit nommée terre noble (1).
Ce ne fut que par une fuite d'expériences, & avec le fecours des alkalis fixes, qu'il parvint à décompofer ce réfidu. Il fe convainquit
alors & nous annonça le premier, que les trois terres exiftoient réellement dans les gemmes fans qu'elles en continffent aucune qui leur
fût particulière.

Il y a une quatrième matière dans les gemmes, qui s'y trouve prefque toujours, & que cependant je ne mettrai pas au nombre des
fubftances effentielles à aucune d'elles, puifqu'elles peuvent toutes,
fans changer ni d'état ni de forme, en être privées, & qu'elle tient
bien moins encore que le calcaire à la combinaifon intime des deux
autres. Je parle du fer, & je dirai que, quoiqu'il ajoute à la beauté
de convention des gemmes, puifqu'il leur donne ces brillantes couleurs qui font leur prix, il nuit à la perfection de leur compofition ;
puifqu'il y eft en quelque forte étranger, & que dans une combinaifon tout ce qui n'eft pas néceffaire eft nuifible, en ce qu'il divertit
une portion des forces de l'affinité ou qu'il en gêne l'action (2). Un

---

(1) *Videmus itaque è gemmis, propriè ita dictis, paulum calcis & ferri
acidis menftruis elici poffe, cum autem extractum totius quintam ferè partem
attingeret, & eo feparato refiduum nihilo minus eamdem ferme indolem ac antea
monftraret, conjecturavi extractivum effe accidentale, refiduum vero particu-
larem conftituere terram primitivam, & hanc quoque in nonnullis fcriptis
divulgavi opinionem.* Bergman. *de Terra gemmarum*, §. IV. C.

(2) C'eft par cette raifon que l'alun rougeâtre, dit de Rome (& fait à la Tolfa
avec une mine d'une ancienne carrière qui contenoit un peu de fer) eft moins parfait
que le blanc, parce que cette fubftance colorante, quoique fort adhérente à l'alun,
puifque les filtrations multipliées ne peuvent l'en purger, eft étrangère à ce fel, &
nuit aux opérations qui l'exigent décoloré.

rubis

rubis oriental mi-partie rouge & blanc est plus parfait dans sa partie décolorée que dans celle qui a l'éclat d'un charbon ardent, comme le cristal de roche bien blanc & transparent est plus parfait que ce même cristal, prenant la dénomination d'améthiste à cause de sa belle couleur violette. Un saphir oriental, quoique d'une bien moindre valeur pour le jouaillier, est essentiellement une plus belle pierre pour le naturaliste, que le rubis oriental, puisqu'étant de même espèce, l'un renferme moins de fer que l'autre; aussi le saphir a-t-il plus de dureté, qualité qui est un apanage des gemmes & dont elles jouissent plus ou moins, selon qu'elles possèdent à un plus haut degré cette perfection de composition qui appartient à la majeure énergie des affinités, & qu'elles l'unissent à cette force d'aggrégation qui dépend du contact plus intime des molécules intégrantes.

Je ne parlerai pas de chacune des gemmes en particulier, je n'ai aucune notion assez précise sur ce qui établit leurs propriétés individuelles. Je ne sais pas si elles peuvent toutes comme les grenats admettre par excès quelques-unes de leurs parties constituantes essentielles, & renfermer dans l'intérieur de leurs cristaux des matières étrangères, ou s'il en est quelques-unes que l'énergie des affinités & les forces de l'aggrégation exemptent de ce genre d'imperfection ; il faudroit pour en juger, voir chacun d'elles dans les circonstances où elles se sont formées, observer les variétés de forme qu'elles affectent plus particulièrement sortant de différentes gangues, & ayant passé par différens filtres. Je n'entreprendrai pas non plus de fixer des quantités précises de matières pour termes de saturation d'aucune d'elles; car quoique mon estime pour les chimistes Bergman, Achard & Wiegleb, qui les ont analysées, soit très-grande, je ne vois dans leurs travaux que la certitude de l'existence des trois terres, & une grande incertitude dans les proportions de chacune d'elles. Je soupçonnerois que la dissemblance qui existe dans leurs résultats vient de l'état de la terre quartzeuse sortant de la combinaison avec les alkalis fixes dont ils se sont servis pour rompre l'alliance des différentes terres. Une partie de la terre quartzeuse dissoluble alors comme nous l'avons dit, par les acides, a pu être emportée par eux, & tomber mêlée avec l'argile lorsqu'on précipite cette dernière terre. Cette propriété du quartz à laquelle il ne me paroît pas qu'aucun d'eux ait eu égard, & qui est cependant très-essentielle à prendre en considération, me paroît être la cause qui a fait trouver à quelques analystes une telle quantité de terre argilleuse aux dépens de la terre quartzeuse. Mais en réunissant & résumant tout ce que je sais de chacune des terres qui composent les gemmes, & toutes les expériences faites sur chacune d'elles en particulier, je crois pouvoir placer toutes les gemmes entre les deux limites de la terre quartzeuse entièrement caustique, & de la terre quartzeuse complettement saturée d'air ou de

M

la fubftance à laquelle le feu donne l'élafticité aériforme. Toutes celles dites orientales, & défignées fous les noms de rubis, topafes, faphirs & améthiftes, à caufe des couleurs différentes dont elles brillent, touchent à la première limite; les grenats & les aigues-marines font fur la ligne qui trace la feconde. Entr'elles fe claffent felon l'état de leur compofition, d'abord le rubis octaèdre, enfuite la topafe blanche, bleue, rouge ou jaune du Bréfil; après elles viennent les topafes de Saxe, de Sibérie, les émeraudes, les hyacinthes, &c. toutes pierres dont les efpèces ne doivent pas être déterminées par leur couleur, mais peuvent être établies d'après les formes, jufqu'à ce que la réunion de tous les autres moyens nous ait donné des connoiffances plus exactes fur leur nature. Car, comme le dit très-bien M. de la Métherie dans fon Mémoire fur une criftallifation du diamant (1): *Nul effet conftant fans caufe conftante, & il doit y avoir une caufe conftante qui oblige telle fubftance à criftallifer toujours fous la même forme.* J'ajouterai que fi de la fimilitude des formes on ne doit pas préfumer une fimilitude de compofition; de leur diffemblance conftante on doit au moins conclure une différence quelconque dans la compofition; différence qui tient à l'état effentiel de la combinaifon lorfqu'elle influe fur la forme même des molécules intégrantes, mais qui peut ne dépendre que de l'excès d'une des matières conftituantes, lorfqu'elle n'influe que fur l'arrangement des mêmes molécules (2). C'eft ainfi que le grenat dodécaèdre peut devoir cette forme, qu'il prend conftamment dans quelques matrices, à l'excès d'une de fes matières conftituantes, & il paroît ne différer que par cette efpèce de fuperfaturation des grenats à vingt-quatre facettes, dont la forme eft également conftante pour ceux que renferment d'autres roches; mais le grenat diffère plus effentiellement de l'hyacinthe, quelque rapprochement

(1) Journal de Phyfique de mars 1792.

(2) Je ne dirai pas en voyant de l'alun cubique & du fel marin cubique que l'un & l'autre foient le même fel, mais les expériences de M. le Blanc m'ont appris que l'alun avec excès d'acide criftallife conftamment en octaèdres, qu'avec moins d'acide il criftallife en cubes, & je me joindrai à M. Delamétherie pour conjecturer que les mêmes caufes doivent agir fur la criftallifation du fel marin, qué des caufes à-peu-près femblables doivent influer fur les criftallifations du fpath calcaire, & fur toutes les fubftances dont les molécules intégrantes, confervant la même figure, font fujettes à varier dans leur difpofition. Mais je dirai que ce n'eft pas feulement une excès de faturation, mais une caufe plus puiffante encore qui fait différer entr'elles les formes du fel fulfureux de Stahl, du tartre vitriolé, & du fel de Glauber; trois fels qui ont pour bafe l'acide vitriolique & l'alkali fixe, puifque les molécules intégrantes ne font pas les mêmes; c'eft donc dans les modifications de l'acide ou de la bafe que je chercherai la caufe de cette diffemblance. C'eft ainfi que la criftallifation eft un moyen incertain, inutile même pour parvenir à connoître la compofition des pierres tant qu'il eft ifolé; mais fubfidiaire à leur analyfe, elle peut indiquer des modifications qui échappent aux reffources de la Chimie.

qu'il y ait dans leur forme extérieure , puifque cette petite diffemblance tient à la figure de la molécule intégrante elle-même. Auffi voyons-nous que la dureté , la fufbilité & les autres qualités de ces deux pierres ne fe reffemblent plus. M. l'abbé Haüy a trouvé dans les gemmes au moins dix formes effentiellement différentes, puifqu'il ne lui a pas été poffible de les ramener aux mêmes molécules intégrantes, c'eft-à-dire, à des molécules dont les angles fuffent femblables.

On doit auffi faire entrer en confidération dans la conftitution des gemmes l'état de la terre calcaire; elle peut y être renfermée ou cauftique ou aérée, & cette modification doit être d'une grande influence dans l'état de la compofition. Peut-être eft-ce à cette circonftance que l'on doit cette efpèce d'embranchement que je crois obferver parmi les gemmes ; il me femble qu'elles partent des pierres orientales comme d'un tronc commun, & qu'elles vont dans deux directions différentes rejoindre les pierres compofées ordinaires. Je vois d'une part les topafes , les émeraudes, les aigues-marines, c'eft-à-dire , les gemmes prifmatiques, qui par une dégradation fucceffive dans leur dureté & dans leur réfiftance à la fufion & à l'action des acides, vont joindre les tourmalines ; elles fondent en bouillonnant, les plus réfractaires fous la flamme de l'air vital, les plus fufibles fous celle du fimple chalumeau , & ce bourfoufflement affez confidérable dans quelques-unes, n'appartient pas à la terre filicée, puifqu'il n'a pas lieu lorfqu'on unit ces gemmes aux alkalis fixes. Dans l'autre embranchement où je crois la terre calcaire cauftique, laquelle pour cette raifon y eft admife en beaucoup plus grande quantité , je placerois les rubis octaèdres, les hyacinthes, les grenats (1), gemmes plus ou moins

_____

(1) Je ne fais pas encore fi toutes les pierres qu'on nomme grenats appartiennent à une compofition femblable, je n'oferois pas décider que quelques-uns ne fuffent pas entièrement en dehors de la ligne de démarcation des gemmes; j'en ai vu qui en fondant bouillonnoient comme les fchorls. (En parlant ici de leur compofition , je fais abftraction de cette grande quantité de fer qui en rend quelques-uns opaques , & qui leur permet d'agir fur l'aiguille aimantée, ainfi que de ce mélange de terre talqueufe qui donne à d'autres une couleur verdâtre.) Je fuis également incertain fi je dois regarder les grenats blancs comme dépendans de la même compofition qui produit les grenats colorés , & fi je dois croire qu'ils ne diffèrent entr'eux que par le fer qui alors ne feroit point effentiel à la compofition des uns & des autres. Je pencherois en faveur de cette dernière opinion, qui me paroit foutenue par une dégradation infenfible de couleur , laquelle fans rien changer aux formes & aux duretés , les rapproche les uns des autres ; s'il n'étoit une autre confidération qui me retient, en faifant même abftraction de la très-grande différence qu'ils ont dans leur fufibilité que la feule différence du fer peut rendre facile. La compofition des uns a une grande tendance à admettre le fer , elle en dépouille même les matières qui les avoifinent ; la compofition des autres femble le rejetter. J'obferve ce refus d'admettre le fer dans ces grenats blancs renfermés dans des laves. Ils fe font formés dans une pâte qui contenoit beaucoup de cette terre métallique ; une portion de cette pâte a pu être quelquefois enfermée dans l'intérieur de leurs criftaux comme pour fervir de preuve à une formation

M ij

fuſibles, qui rentrent dans la claſſe des pierres compoſées ordinaires par l'eſpèce de zéolithe, dont les formes dérivées du cube donnent des criſtaux à vingt-quatre & à trente facettes. Leur fuſion n'eſt accompagnée d'aucun bourſoufflement, ce qui indique l'abſence du fluide élaſtique qui fait bouillonner les autres.

Ces deux cauſes réſidentes dans la terre quartzeuſe & dans la terre calcaire, & qui chacune influe à ſa manière ſur la compoſition des gemmes, peuvent avoir des gradations infinies & donner lieu à beaucoup de productions intermédiaires qui pourront trouver leur place entre les gemmes que nous connoiſſons déjà; car je ne doute pas que nous ne découvrions encore beaucoup d'eſpèces nouvelles, ſur-tout dans le voiſinage de la limite qui ſépare les gemmes des pierres compoſées ordinaires. Nos connoiſſances à cet égard s'étendront d'autant plus que les beautés de convention pour les jouailliers ne ſont plus celles qui intéreſſent le naturaliſte, & que ce n'eſt pas uniquement pour en faire des objets de luxe, mais pour y trouver des ſujets de contemplation & d'étude, que le lithologiſte s'épuiſe en fatigue pour arracher les gemmes des lieux où la nature les recèle (1).

---

contemporaine; quelques-uns contiennent des ſchorls ferrugineux & même des grenats noirs formés ſimultanément, & eux ſeuls ont refuſé de prendre leur part du fer qui colore tout ce qui les environne. Rien n'indique mieux une différence très-eſſentielle dans l'état de la combinaiſon, que cette contradiction dans les affinités. Ce phénomène me paroît aſſez important pour me décider à faire deux eſpèces des grenats blancs & des grenats rouges, en ſortant les premiers de la claſſe des gemmes, & peut-être même à établir une troiſième eſpèce pour certains grenats noirs dont je parlerai lorſque je traiterai des compoſitions du troiſième ordre.

Les grenats blancs n'étoient connus juſqu'à préſent que par ceux que l'on trouve parmi les déjections volcaniques; on voyoit bien cependant qu'ils n'appartenoient pas eſſentiellement aux volcans, on avoit depuis long-tems rejetté l'opinion de ceux qui leur attribuoient un genre d'altération de la part des feux ſouterrains qui les auroient décolorés. On les avoit même trouvés dans ces blocs de pierre rejettés par le Véſuve, ſans avoir éprouvé l'action de la chaleur (Voyez M. Gioenni dans ſa Lithologie Véſuvienne), mais je crois être le premier qui les ait reconnus dans des circonſtances abſolument étrangères aux volcans. J'ai un échantillon de mine d'or du Mexique dont ils ſont la gangue; ils ſont demi-tranſparens, durs, & en petits criſtaux à vingt-quatre facettes; ils ſont mêlés avec des chaux de fer & de cuivre. M. le Lièvre les a auſſi trouvés dans un granit des Pyrénées.

Les grenats blancs ſont ſujets à un excès d'argile qui rend leur décompoſition facile, ils deviennent alors farineux. Les chimiſtes qui voudront en répéter l'analyſe doivent être prévenus de cette circonſtance & choiſir ceux qui ſont durs & tranſparens.

(1) J'ai trouvé dans la cavité d'un granit de l'île d'Elbe, une gemme d'une blancheur & d'une tranſparence parfaite. Le criſtal qui eſt d'une extrême régularité a quatre lignes de hauteur, & autant de diamètre; il eſt implanté par une de ſes extrémités ſur le granit. Sa criſtalliſation décrite par M. Romé de l'Iſle, planche IV, fig. 100, eſt un priſme hexaèdre tronqué ſur ſes angles ſolides diagonalement, c'eſt-à-dire, faiſant avec les deux côtés l'angle de 135°. Seconde troncature, fig. 101,

Deux caufes contribuent à la rareté des gemmes, les difficultés de leur compofition & celle de leur agrégation. Ces deux circonftances trop long-tems confondues font d'une telle importance à connoître & à bien diftinguer, que je me fuis réfervé cette occafion, pour faire mieux fentir encore ce qu'elles ont de particulier, & pour faire l'application de ce que j'ai dit ailleurs fur le même fujet.

En donnant le détail des expériences & des obfervations par lefquelles j'ai cru acquérir la certitude de deux modifications différentes dans la terre quartzeufe, j'ai fait fentir que fon état de caufticité étoit très-précaire, puifqu'elle le perd par le feul féjour dans l'eau ; & pour qu'elle puiffe porter cette modification dans une autre combinaifon, il faut qu'elle y entre au moment même où elle échappe à la fubftance qui l'a mis ou confervé dans un état pareil. Il faut auffi que ces molécules quartzeufes caustiques trouvent au même inftant à la portée de leur petite fphère d'activité les molécules des autres terres néceffaires à la conftitution des gemmes dans l'état & dans la proportion qui convient à ce genre de compofition. J'ai dit que je ne croyois pas que les trois terres qui appartiennent néceffairement aux gemmes euffent maintenant un diffolvant commun, ce qui me paroît augmenter encore la difficulté de les faire fe rencontrer dans une fituation favorable à leur combinaifon. Je ne fais même pas fi l'on peut regarder la compofition des gemmes comme poffible aux feules facultés qu'exerce préfentement la nature dans le règne minéral, & s'il ne faut pas remonter aux tems de la diffolution générale de toutes les matières qui forment l'écorce de notre globe, pour y trouver la poffibilité d'une femblable production. D'ailleurs c'eft toujours dans les roches les plus antiques qu'elles exiftent, c'eft du milieu des premiers produits de la précipitation qu'elles ont été extraites. En général toutes les combinaifons un peu compliquées me paroiffent appartenir à cette même époque. Car j'obferve depuis long-tems qu'il eft des compofitions qui s'altèrent, qui fe défont, mais qui ne peuvent plus fe reformer. La majeure rareté des efpèces de gemmes qui exigent le plus de caufticité dans la terre quartzeufe eft encore d'accord avec ma

---

faifant avec les faces du prifme un angle de 120°. (Cet angle n'a pas été déterminé par M. Romé, ou l'a été à 138, ce qui feroit une erreur confidérable.) Deux côtés oppofés de la feconde troncature ayant empiété fur la première, ont donné à toute la pyramide une apparence étrangère à cette criftallifation. Elle peut fervir d'exemple de l'attention que demande la Criftallographie pour éviter les erreurs fondées fur de fauffes apparences. Cette gemme par fa forme paroît donc de l'efpèce de la chryfolite de Saxe, du péridot du Bréfil, ou de l'émeraude du Pérou. Sa dureté eft plus confidérable que celle de l'aigue-marine de Sibérie, & beaucoup plus encore que celle des chryfolites de Saxe qui fe laiffent égrifer par le canif. Le granit qui fert de gangue eft compofé de quartz blanc, feld-fpath blanc & fchorl noir. Dans le granit de l'île du Giglio j'ai trouvé la même gemme, mais moins régulière.

théorie, car elles font avec les autres en proportion relative à la difficulté de féparer cette terre de la dernière portion d'une fubftance avec
laquelle elle a une extrême affinité, ou la préferver de fon introduction;
& comme fon avidité de la reprendre diminue certainement à mefure
qu'elle approche davantage de la fatiété, les gemmes font d'autant plus
communes qu'elles jouiffent moins de toutes les propriétés qui appartiennent à une pénétration plus intime de toutes les matières conftituantes & qui dépendent de l'état de la terre quartzeufe : les modifications de la terre calcaire augmentent les difficultés de la compofition
de celles qui l'exigent dans l'état de caufticité, état qu'elle ne fauroit
auffi conferver long-tems ; & cette feconde caufe ajoute encore à la
rareté des pierres qui, telles que celles que nous nommons orientales,
doivent leur réfiftance à tous les genres d'altérations, leur dureté & leur
denfité à la grande énergie des affinités de toutes les terres conftituantes.

Ces pierres dont l'éclat & les couleurs brillantes rehauffent les
charmes de la jeuneffe, & que la vanité décrépite ofe difputer à la
beauté, les gemmes, dis-je, n'exiftent point encore pour nous, lors
même que les circonftances néceffaires à ce genre de combinaifon ont
toutes coincidé pour la formation de leurs molécules intégrantes, fi
ces molécules reftent difféminées dans les matières qui leur fervent
de matrice, fi elles manquent d'efpace & de moyen pour fe réunir.
Et comme nous euffions ignoré que quelques molécules quartzeufes
fuffent éparfes dans la pâte des marbres blancs de Carare, parce qu'elles
y font en fi petit nombre qu'elles échappent aux analyfes les plus
exactes, fi un diffolvant approprié à elles ne fe fût pas infiltré à travers
les maffes, s'il n'eût pu les recueillir & s'en charger fans toucher au
calcaire, & s'il n'eût pas exifté des cavités où elles puffent fe raffembler
& former maffe ; de même nous n'aurions pas foupçonné l'exiftence des
gemmes dans les matières dont elles ont été extraites, fi une diffolution
poftérieure n'eût pas pu les faifir fans rien changer dans l'état de leur
compofition, & fi en traverfant la maffe, elle n'eût pas rencontré des
fentes ou des efpaces quelconques dans lefquelles les molécules, n'obéiffant
plus qu'à la force d'agrégation, euffent pu choifir les places qui conviennent
le mieux à leur forme, & qui laiffent le moins d'efpace entr'elles.

Les procédés de l'art fur les fels, comme ceux de la nature fur les
pierres, fe divifent en trois tems très-diftincts ; compofition, agrégation & dépuration. Ces trois degrés de l'opération font ordinairement faciles au chimifte, parce qu'il a à fa difpofition le diffolvant
commun des fels, l'eau, qui, fans altérer leur compofition, les recueille & les réunit dans des efpaces préparés d'avance ; fes moyens
de dépuration dépendent du degré de folubilité, & de l'attraction
entre parties fimilaires, & il a prefque toujours la faculté de les mettre
en action au moment qui lui convient. Par exemple, lòrfque l'alun eft

composé par la réaction de l'acide vitriolique sur la terre argilleuse & par le concours de l'eau & de l'air, il lui est facile de l'extraire des terres qui le renferment, également facile de le dépurer. Mais il arrive quelquefois aussi que le selqui a été formé n'est plus soluble par les mêmes menstrues qui ont été les véhicules de la combinaison, & que les procédés de l'art ne peuvent plus le tirer de son état d'inertie sans altérer sa composition ; alors le second degré de l'opération devient impossible ; si donc l'emploi auquel on destine cette combinaison tient ou à sa masse, ou à sa dureté, ou à sa transparence, ou à la forme de ses cristaux, ou à quelques autres propriétés dépendantes de l'agrégation, quoique les molécules intégrantes soient préparées, on ne s'est pas plus rapproché du but qu'on se proposoit, que si la composition elle-même eût été impossible. Ainsi le chimiste a pu dérober à la nature le secret de la composition du spath pesant, il a découvert les moyens de rétablir cette composition dont il a pu séparer les principes prochains, mais il n'a point la faculté de rétablir son agrégation, ce sel pierreux cessant d'être soluble dans l'eau ; que lui serviroit donc d'être arrivé jusqu'à constituer ses molécules intégrantes s'il lui importoit de l'avoir en cristaux transparens ? quel usage pourroit-il faire de ces molécules incohérentes, s'il ne pouvoit les agréger en masses solides ? la composition des gemmes opérée par la nature seroit donc vaine, la possibilité que nous aurions de l'imiter à cet égard seroit donc inutile, aussi long-temps qu'il ne nous seroit pas possible de donner une agrégation convenable aux molécules qui les constituent. Une glebe de terre dont chaque molécule ressembleroit à celle du rubis oriental, n'auroit pas plus de valeur qu'une motte de marne où les trois mêmes terres constituantes seroient exemptes d'association. C'est donc une opération postérieure à leur constitution, c'est donc l'agrégation qui nous donne réellement les gemmes, comme elle nous fait jouir de toutes les pierres qui ont des propriétés dépendantes de la solidité de la masse & de la pureté de la composition (1). Il seroit possible que dans le temps de la dissolution gé-

─────────────

(1) J'insiste beaucoup sur cet article, parce qu'il me paroît très-essentiel de prendre cette distinction dans la plus grande considération, parce qu'elle a échappé à la plupart des naturalistes, & parce qu'elle seule peut donner une idée précise & une explication claire des phénomènes les plus importans de nos montagnes. On dit souvent de telle pierre qu'elle est d'une formation secondaire, sans se rendre raison de ce qu'on veut exprimer, sans distinguer précisément si c'est sous le rapport de la composition, ou sous celui de l'agrégation ; & moi aussi dans la suite de ce Mémoire j'aurai occasion de dire de quelques pierres, qu'elles sont réellement de formation secondaire quant à leur composition, & je ferai remarquer qu'elles sont en petit nombre. Mais je dirai de beaucoup d'autres qu'elles sont de formation secondaire quant à leur agrégation, quoique contemporaines aux plus anciennes quant à la composition ou la constitution de leurs molécules intégrantes. Je pourrai dire, par exemple, des schorls & des feld-spaths que je trouverai cristallisés dans des cavités ou des fentes, que la

nérale, la nature eût préparé mille combinaisons qui nous font restées inconnues, parce que, éparses dans les matières qui font l'écorce de notre globe, il leur manque le véhicule nécessaire pour être rassemblées & pour former des corps distincts.

Quel est donc le dissolvant des gemmes ? Je crois qu'il est à peu-près le même que celui du quartz, que celui de toutes les pierres quartzeuses, peut-être seulement exige-t-il plus de concentration. Je vois les gemmes cristalliser avec le quartz dans les mêmes cavités, j'observe que leurs cristaux entrecroisés se pénétrent mutuellement, & je dois présumer qu'ils ont été tenus en dissolution dans le même menstrue. Je pense donc que si la formation des molécules précieuses n'est plus dans les facultés présentes de la nature, il lui reste toujours le pouvoir de les extraire des milieux où elle les a placées, & que constamment elle travaille à les réunir, à les dépurer, & à leur donner les propriétés qui font leur prix ; & nous pouvons en quelque forte dire que *telle pierre est mûre* (en nous servant de l'expression de quelques artistes qui supposent que le temps peut donner des qualités aux pierres dans lesquelles ils trouvent certaines imperfections) ; puisqu'une nouvelle dissolution pourroit produire une cristallisation plus parfaite & plus épurée. Les montagnes dont les filons contiennent

formation de leurs cristaux est secondaire, c'est-à-dire, postérieure à celle de la masse ; je pourrai dire de certains bancs de granit & de porphyre qu'ils font de formation secondaire, parce que leur agrégation, leur disposition font postérieures à celle des autres bancs, mais j'ajouterai que la composition des molécules intégrantes remonte pour tous à la même époque. Je croirai avoir beaucoup fait pour la Géologie, si je parviens à bien développer cette idée & à la rendre familière ; j'espérerai que le naturaliste me pardonnera les détails longs, minutieux & même triviaux dans lesquels je le fais passer, en faveur des lumières que peut répandre sur la constitution des montagnes le genre d'analyse auquel je me livre. Je parle du naturaliste qui fait que la Lithologie n'est pas une science de simple nomenclature, qu'elle ne se borne pas à nous apprendre que les pierres calcaires font effervescence avec les acides, que l'argile durcit au feu, &c. & qui voit les relations de ce genre d'étude avec des connoissances d'un ordre supérieur. Je remercie MM. de Saussure des témoignages obligeans dont ils veulent bien encourager mes essais ; je remercie M. de Luc des suffrages dont il les honore. Je remercie mes illustres amis MM. Picot de la Peyrouse & Fontana de l'approbation qu'ils donnent à la plupart de mes opinions, je remercie mon aimable camarade de voyage M. Fleuriaux de Bellevue de l'intérêt qu'il prend à la publication de mes systêmes dont il m'a vu faire l'application sur les phénomènes des montagnes que nous avons visitées ensemble ; c'est par des hommes pareils que je desire être jugé. Mais ne devant pas me flatter de les entraîner dans toutes mes opinions, je leur demande des observations & même des critiques qui éclaireront davantage les sujets que je traite. D'ailleurs je me dispenserai d'avoir égard à celles que me feroient des gens qui ne se feroient pas donné la peine de m'entendre, ou qui n'envisageant pas la question sous le même point de vue, ne peuvent pas lui trouver les mêmes rapports.

des

des gemmes, les maffifs dont les cavités en recèlent, ne font fûrement pas épuifés de toutes les molécules intégrantes propres à de pareilles productions, il leur en refte encore à qui le temps, l'efpace & le véhicule ont manqué pour pouvoir s'agréger ; fi nous avions à notre difpofition leur diffolvant, s'il nous étoit permis de le faire agir avec quelqu'activité, il faudroit quitter nos laboratoires où nous avons à vaincre le double obftacle de la compofition & de l'agrégation, aller dans ces mêmes montagnes réunir toutes ces molécules éparfes & les agréger fous un volume qui n'auroit de borne que notre volonté ; comme on va extraire dans les montagnes de la vallée du Zillerthal en Tyrol, ces molécules d'or éparfes dans une roche fchifteufe, qui y font en fi petit nombre qu'à peine arrivent-elles au poids de quatre grains dans un quintal de pierre ; pour un autre objet nous imiterions cette opération, dont le mercure eft l'agent lorfqu'il s'agit d'extraire l'or des roches où il eft difféminé, & qui préfente au moralifte un fujet de méditation où il trouve également un motif de déclamer contre la cupidité de l'homme, ou une raifon pour exalter fon induftrie ; car il femble que pour exciter l'une, la nature fe foit réfervé la formation de ce métal précieux, & que, pour exercer l'autre, elle lui ait donné des moyens pour l'extraire & pour l'agréger, fans lefquels fa production étoit inutile, & les efforts de l'homme auroient été impuiffans, comme le feront tous nos travaux pour la formation ou l'imitation exacte des gemmes, non pas autant, parce que nous ignorons le véritable fecret de leur compofition, que parce que le feul moyen d'agrégation qui foit encore dans notre puiffance eft le feu, & cet agent attaque dans leur compofition les molécules qu'il a la faculté de réunir, il les déforme, ce qui nuit au contact immédiat, caufe de la dureté, première propriété de toutes les pierres précieufes.

La réfiftance à la fufion étant un caractère des gemmes, & cette réfiftance augmentant à raifon de la perfection de ces pierres, il ne fera pas inutile que je m'arrête quelques inftans fur cet effet du feu, & que j'examine comment cet agent exerce fon action fur toutes les pierres en général, puifque le degré de fufibilité & le réfultat de la fufion font devenus des indications auxquelles le lithologifte a le plus fouvent recours pour diftinguer les genres & déterminer les efpèces des pierres dans lefquelles les autres caractères font incertains.

La fufion d'un corps eft fon paffage de l'état folide à l'état fluide par l'action immédiate du feu, & ce changement s'opère par un effet particulier de la chaleur qui diminue l'adhérence des parties & qui les éloigne les unes des autres jufqu'à leur permettre de fe mouvoir & de changer leur pofition refpective. Tous les corps font fufceptibles d'être dilatés par le feu, tous éprouvent donc par fa préfence un certain relâchement dans l'énergie de l'agrégation ; mais cet effet

N

de la chaleur a beaucoup de gradation avant de faire perdre à tous
leur folidité. La fufion de quelques-uns eft facile, les autres ne peuvent
y être entraînés que par la plus grande véhémence de cet agent ; & la
caufe de la réfiftance de ceux-ci & de la promptitude avec laquelle
les autres reçoivent une femblable modification , doit fe trouver non-
feulement dans cette adhérence plus où moins forte qui dépend de
la forme & de l'arrangement des molécules , mais encore dans certaines difpofitions que ces molécules ont intrinféquement à s'unir à
la chaleur par une efpèce de combinaifon inftantanée. En voyant les
effets qu'il produit, on croiroit que le feu gonfle chaque molécule ,
l'arrondit & finit par réduire à un feul point les contacts que mul-
tiplioient les formes polièdres les plus fimples. Mais je craindrois de
trop m'éloigner de mon fujet fi je m'arrêtois à tous les phénomènes de
la liquéfaction , quoique chacun d'eux me paroiffe mériter une difcuffion
nouvelle , & je me bornerai à prendre en confidération les feuls faits qui
ont un rapport plus immédiat avec la queftion que je traite.

Pour qu'un corps folide fe fonde , il faut que fes molécules aient plus
de tendance à s'unir à la chaleur & à participer au mouvement qu'elle
imprime, qu'elles n'ont d'énergie dans leur agrégation. Il faut que la
chaleur qui fe fixe dans chaque molécule foit affez confidérable pour la
fou·enir à une diftance des autres, tèlle que fufpendant & balançant les
efforts de l'attraction, elle lui permette de changer de fituation refpective, fans cependant la faire fortir entièrement de la fphère d'activité par
laquelle elles agiffent les unes fur les autres. Il faut qu'il y ait équilibre
entre ces deux forces, fans quoi ou il n'y auroit point de fufion, ou le
corps abfolument détruit ne préfenteroit plus que des molécules ifolées,
devenues en quelque forte étrangères entr'elles, fans pouvoir participer
à ce genre de liaifon qui diftingue la fluidité de l'incohérence de la
pouffière; de manière donc que fi le feu change les rapports d'attraction,
foit en favorifant la diffipation d'une fubftance compofante, foit en
permettant l'introduction d'une fubftance nouvelle, la fufion ceffe, parce
qu'il n'y a plus le même équilibre entre les deux forces, & la diftance
entre chaque molécule devient ou trop petite pour refter mouvante,
ou trop grande pour conferver quelqu'adhérence. Le feu qui augmente
le volume de chaque molécule, puifqu'il lui fait occuper plus de place,
qui attaque les effets de l'attraction, puifqu'il délie ce qu'elle enchaîne,
a encore la propriété d'accroître la fphère d'activité par laquelle les
molécules établiffent des relations entr'elles, car il fert de véhicule à
l'union & à la combinaifon de beaucoup de fubftances inactives fans
lui, mais qui par fon concours fe lient entr'elles. C'eft ainfi que des
matières pulvérulentes après être devenues fluides peuvent conftituer un
corps folide par la diffipation de la chaleur qui y a rétabli les rapports
d'attraction. Depuis long-tems on a comparé les effets du feu à une

diffolution ; fans difcuter l'exactitude de cette comparaifon , je m'en fervirai pour arriver plus promptement à l'explication que je cherche.

La diffolution dans l'acception ordinaire eft l'acte d'union d'un corps folide avec un fluide quelconque qui le fait participer à fa fluidité ; ce qui ne peut s'opérer qu'autant que les molécules intégrantes du corps folide font follicitées à s'unir à celles du fluide par une force plus grande que celle qui les lie entr'elles. On doit remarquer dans cette alliance des effets permanens , ou des effets inftantanés , qui donnent lieu à faire une diftinction dans la manière dont agiffent les diffolvans. Le diffolvant peut s'affocier à la molécule du folide telle qu'elle eft confti- tuée , fans produire fur elle d'autre changement que celui que néceffite fa préfence, fans exiger d'autre facrifice que celui de fon agrégation, & en lui imprimant feulement une forme différente qui lui permet de fe mouvoir librement ; il fembleroit qu'il fe borne à l'envelopper ; il peut fe féparer d'elle fans beaucoup de difficultés, en la laiffant dans le même état & avec les mêmes propriétés qu'auparavant. C'eft ainfi que l'eau diffout les fels, & après cette opération elle les laiffe dans un état de compofition fi parfaitement femblable à celui où elle les a pris, qu'on pourroit croire qu'elle n'a fait que s'entremettre dans leurs molécules, qu'elle les a portées & foutenues par la feule réfiftance que le frottement oppofoit à leur précipitation ; fi on ne voyoit pas que l'agrégation ne peut céder qu'à l'empire d'une affinité plus puiffante, & fi on ne reconnoiffoit dans le degré de majeure fixité qu'acquiert le diffolvant , le caractère de la véritable union chimique. On a diftingué par le nom de folution ce genre de diffolution, fans toujours le bien définir ; je ne le confidérerai moi - même dorénavant que par fes effets, & faifant abftraction des caufes par lefquelles il agit , je ne le regarderai que comme un moyen d'attaquer l'agrégation des corps fans changer leur compofition , que comme une efpèce d'agent mécanique qui défunit les molécules intégrantes.

Il eft pour la diffolution une autre modification dans laquelle l'affi- nité paroît produire une pénétration plus intime, un effet plus perma- nent. Le diffolvant attaque le corps folide dans fa compofition elle- même. Car non-feulement il altère l'agrégation, mais il change la confti- tution de fa molécule, foit en fe combinant avec elle d'une manière ferme & ftable, foit en obligeant à la fuite une des fubftances qui s'y trouvoient & à laquelle il fe fubftitue. Il en naît des molécules nouvelles qui n'ont plus ni les mêmes formes ni les mêmes propriétés, & qui ne font plus fufceptibles de reprendre le même genre d'agrégation ; & fi par la diffipation d'une partie du menftrue elles peuvent repaffer à l'état folide , ce n'eft plus le même corps qu'elles préfentent. C'eft à cette manière d'agir (qui eft celle des acides fur des bafes quelconques) que l'on a particulièrement attaché l'idée d'une vraie diffolution. Quelques diſſolvans commencent par rompre l'agrégation avant de parvenir à agir ſur la compoſition ; d'autres attaquant la compoſition elle-même, arrivent à détruire ſucceſſivement l'agrégation ; mais il eſt important de remarquer que s'ils peuvent rompre l'agrégation ſans changer la compoſition , ils ne ſauroient attenter à celle-ci, c'eſt-à-dire, à la conſtitution de la molécule intégrante , ſans déranger ſon agrégation.

Les mêmes effets s'obſervent à-peu-près dans l'action du feu lorſqu'il procure la fluidité des corps ſolides ; & on peut faire les mêmes diſtinctions dans les eſpèces de diſſolution qu'il opère. On pourroit dire , par exemple , qu'il rend fluides les métaux par une ſimple ſolution & qu'il agit ſur eux comme l'eau ſur les pierres (1). Car il attaque & relâche leur agrégation ſans toucher à leur compoſition ; & par la diſſipation du degré de chaleur qui avoit écarté leurs molécules au point de ſe mouvoir, ils reprennent leur ſolidité & toutes leurs propriétés antérieures. Il peut auſſi les attaquer dans leur compoſition, ſoit en leur arrachant une ſubſtance qui leur appartiendroit eſſentiellement & l'emportant avec lui , ſoit en ouvrant & préparant une place pour l'admiſſion d'une ſubſtance étrangère. Mais alors le corps qui redevient ſolide n'eſt plus le métal , c'eſt un être nouveau qui n'a plus les propriétés de l'ancien. La litharge & le verre de plomb ne reſſemblent pas plus au métal qui leur ſert de baſe, que le nitrate calcaire ne reſſemble à la pierre qui y eſt diſſoute. Mais ils ſont en petit nombre les corps que le feu peut attaquer ſucceſſivement dans leur agrégation & dans leur compoſition ; la plupart des autres lui réſiſteroient complettement par la ſeule énergie de l'agrégation, s'il ne les attaquoit en même-tems dans leur compoſition. La forte agrégation des pierres ne céderoit jamais à ſon action ; jamais il ne les rendroit fluides, ſi le feu tel que nous l'employons, & de la ſeule manière dont nous pouvons le faire agir (2), ne portoit pas

(1) Si l'eau n'agit ſur les ſels qu'à la faveur d'une portion de ce même fluide déjà placé dans leur compoſition , je ne doute pas que le feu opérant d'une manière ſemblable ſur les métaux ne ſoit également favoriſé par une ſubſtance analogue à lui combinée avec eux , qui le retient à ſon paſſage & le force lui-même à une combinaiſon momentanée; ce qui nous ramène à ce phlogiſtique ſi décrié aujourd'hui , & qu'on ne méconnoit peut-être que parce que ſans rien laiſſer qui rappelle ſon ſouvenir, il cède ſa place à un hôte étranger auquel , à cauſe de ſa nouveauté, on ſe plaît à faire tous les honneurs, ſans penſer à la ſubſtance que ſa préſence a chaſſée.

(2) Je dis le feu tel que nous l'employons pour diſtinguer le feu naturel des volcans, du feu de nos fourneaux & de celui de nos chalumeaux. Nous ſommes obligés de donner une grande activité à ſon action pour ſuppléer & au volume qui ne ſeroit pas à notre diſpoſition & au tems que nous ſommes forcés de ménager , & cette manière d'appliquer une chaleur très-active communique le mouvement & le déſordre juſques dans les molécules conſtituantes. Agrégation & compoſition, tout eſt troublé. Dans les volcans la grande maſſe du feu ſupplée à ſon intenſité , le tems remplace ſon activité , de manière qu'il tourmente moins les corps ſoumis à ſon action ; il ménage

quelques modifications dans leur compofition, s'il ne néceffitoit pas quelque changement conftant dans la figure de la molécule intégrante, qui relâchât ou détruisît fon agrégation. Voilà pourquoi la fufion des pierres ne peut avoir lieu fans une vitrification, c'eft-à-dire, fans un changement fimultané dans la compofition & dans l'agrégation qui fous ce double rapport donne au corps une exiftence nouvelle. Ce changement dans la compofition arrive ou par la diffipation d'une fubftance, ou par l'admiffion d'une autre, ou par une combinaifon plus intime de celles qui y font déjà, ou par un changement dans l'ordre qu'elles obfervent entr'elles, ou par le rapprochement & l'alliance de celles qui n'étoient que mêlangées. Tous les procédés de la vitrification ne tendent qu'à hâter & à faciliter cette nouvelle compofition des molécules intégrantes. Il paroît que dans cette opération l'agitation du fluide ignée mettant les molécules conftituantes dans un certain défordre fait perdre aux molécules intégrantes les formes fimples qui leur permettoient un rapprochement plus exact pour leur donner une forme polièdre irrégulière ou arrondie qui rend les points de contact plus rares, fans cependant les fortir de la fphère d'attraction ; car la figure globulaire a cet avantage fur les formes polièdres les plus fimples de ne préfenter aucun point de contact qui foit trop éloigné du centre de gravité, comme de ne point en donner qui foit tellement rapproché que l'énergie de l'attraction en foit fort augmentée. Auffi les pierres vitrifiées font-elles pour la plupart moins dures, moins pefantes & plus facilement décompofables qu'avant d'avoir fubi cette modification de la chaleur.

De la manière dont le feu agit fur les pierres, il s'enfuit qu'une pierre fimple ne peut pas être vitrifiée, parce que le feu ne peut pas ôter à une molécule fimple une forme qui eft de fon effence, & qu'une terre élémentaire parfaitement fimple ne peut pas être fondue, parce que fes angles éloignent trop les contacts du centre de gravité & s'oppofent au mouvement de rotation qu'exige la fluidité. L'expérience eft parfaitement d'accord avec ma théorie. C'eft par la même raifon qu'une pierre compofée eft d'autant moins fufible que fa conftitution eft plus folide, que la combinaifon des différentes matières eft enchaînée par des affinités plus actives, qu'elles contiennent moins de fubftances fur lefquelles le

---

leur compofition en relâchant leur agrégation, & les pierres qui ont été rendues fluides par l'embrafement volcanique peuvent reprendre leur état primitif ; la plupart des fubftances qu'un feu plus actif auroit expulfées y reftent encore. Voilà pourquoi les laves reffemblent tellement aux pierres naturelles des efpèces analogues, qu'elles ne peuvent en être diftinguées ; voilà également pourquoi les verres volcaniques eux-mêmes renferment encore des fubftances élaftiques qui les font bourfouffler lorfque nous les fondons de nouveau, & pourquoi ces verres blanchiffent auffi, pour lors, par la diffipation d'une fubftance graffe qui a réfifté à la chaleur des volcans, & que volatilife la chaleur par laquelle nous obtenons leur feconde fufion.

feu ait une action particulière (telles que le fer), qu'elles n'en renferment aucunes auxquelles la chaleur puisse donner une élasticité qui la faisant déloger troubleroit l'ordre précédent. Voilà pourquoi les gemmes résistent d'autant plus à la fusion & à la vitrification, qu'elles sont plus parfaites ; & dans celles dites orientales l'énergie des affinités est telle que la molécule composée représente une molécule simple par la résistance prodigieuse qu'elle oppose à l'action de la chaleur contre tout changement dans la modification ; la solidité de leur composition arrête ainsi tout changement dans l'agrégation, par cela seul qu'elle s'oppose à cet arrondissement de la molécule, nécessaire pour la déplacer sans la séparer entièrement, & nécessaire également pour rapprocher par la fusion ces mêmes molécules lorsque l'agrégation a été rompue ; car les gemmes réduites en poudre résistent autant à la fusion & par la même raison qui retarde la vitrification de celles que l'on présente en masse à l'action du feu.

F I N.